湛庐 CHEERS

与最聪明的人共同进化

HERE COMES EVERYBODY

U0299118

如果，哥白尼错了

The Copernicus Complex

Our Cosmic Significance in a Universe of Planets and Probabilities

[英] 凯莱布·沙夫　著
Caleb Scharf

高　妍　译

浙江人民出版社
ZHEJIANG PEOPLE'S PUBLISHING HOUSE

从微观世界到浩渺宇宙

这一切都始于一滴水。

身为窗帘商人，同时也是位正在成长的科学家的安东尼·列文虎克（Antony van Leeuwenhoek）[1]，此时正紧闭着一只眼，另一只眼专注地用一个由一小片碱石灰玻璃制成的镜头看着什么。在这个亮晶晶的小东西的另一头，是一滴湖水的样本，是他前几天在荷兰代尔夫特市郊游时舀回来的。当他调整仪器，放松眼睛重新聚焦时，列文虎克突然发现自己一头栽进了一个全新的世界，一个充满异域风情的都市。

在这一滴水的世界内，遍布着蜷曲的螺旋状物体、蠕动的斑点和带有细长尾巴的钟状生物，它们摆动着、回转着，忙碌地游来游去，对正注视着它们的列文虎克视而不见。这一切，列文虎克之前从未见过。这是令人震惊的一幕。此时，列文虎克不只是一个渺小的人，还是一个如宇宙般宏大的巨人，观察着另一个不包含他的世界。如果这滴水能够自成一个宇宙，那么另一滴，再一滴，以及地球上所有的水滴呢？

这一年是 1674 年，正处于西方科学与思想发生深刻变化的时期。一个多世纪以前，波兰科学家、博学家尼古拉·哥白尼（Nicolaus Copernicus）出版了《天体运行论》（*De revolutionibus orbium coelestium*），开启了"天球的革命"。在该书中，哥白尼提出了他已完成的宇宙日心说模型，将地球从宇宙的中心移到了次一级的位置，表明地球自转并围绕着太阳公转——这次降级将重新书写人类这一物种的科学史。

几十年后，意大利人伽利略·伽利雷（Galileo Galilei）发明创造了望远镜，并观测到了木星的卫星和金星的相位，进而说服了自己，哥白尼的观点是正确的——彼时，伽利略的观点被视为异端邪说，当其受到罗马宗教裁判所的审查时，伽利略付出了高昂的代价。同时代的德国人约翰尼斯·开普勒（Johannes Kepler）通过罗列出行星轨道、包括地球本身的轨道而更进一步，表明轨道并非完美的圆形，而是偏心椭圆，使得当时关于宇宙的所有观念都变得站不住脚。而从我们知道的列文虎克凝视水滴的那一时期往后推十几年，伟大的英国科学家艾萨克·牛顿（Isaac Newton）出版了他的不朽巨作《自然哲学的数学原理》（*Philosophia Naturalism Principia Mathematica*，常简称为《原理》），提出了万有引力定律和牛顿力学，而这些理论将在不知不觉中使太阳系和宇宙的排列呈现出一种朴素的美，无须遵照物理学和数学之外的任何指引。无论以哪种标准评判，这一时刻都是人类历史上独一无二的。

安东尼·列文虎克于 1632 年出生于代尔夫特，来到了这个每天都变化万千的世界。他的童年时代相当平凡。除了基础教育，列文虎克并没有接受更多特别的教育。作为一个年轻人，他很快将自己打造成了一个从事亚麻织品与毛织品交易的成功商人。列文虎克也是一个充满好奇心、有着广泛兴趣的人，有一次他描述自己"渴望知识"，而这一性格特征最终促使他留下了大量的观察与著作遗产，这些都是关于他最伟大的发现——微观世界的。

1655 年，列文虎克得到了一本英国科学家罗伯特·胡克（Robert Hooker）[2] 所写的伟大著作——《显微制图》（*Micrographia*）[3]。《显微制图》是羽翼未丰的英国皇家学会的第一本重要出版物，第一本畅销的科学著作，内容丰富而详细，是最令人难以置信的、包含万物放大纹理图的聚宝盆——从昆虫到矿物、鸟羽及植物。它是从另一双眼睛——显微镜下看到的世界的图集。

这种利用一系列镜片放大事物的技术在大约 16 世纪晚期刚刚出现。组合型显微镜 [4] 使目光敏锐、思维敏捷的胡克能够绘制出所有这些不可思议的东西，仿佛它们就在每个人的眼皮底下。但即使是胡克所拥有的最好的显微镜，也只能放大 10 ～ 50 倍。更深的底层可能会有什么呢？对列文虎克来说，这一谜团引发的好奇心让他无法抗拒，于是他开始自学必要的光学技术，来探索这个神秘的未知世界。

直至今日，人们对于列文虎克究竟如何制造出他的显微镜 [5] 尚存疑惑。他本人对这一切讳莫如深，颇具戏剧性的是，他总在家里大门紧闭地忙碌着。但从他遗赠给英国皇家学会的仪器和拜访过他家的客人的说法来看，我们知道，他主要的成果是打磨得十分微小的、完美的玻璃珠——可能通过将玻璃纤维拉长、融化并将尾端黏合在一起的方法制得。然后他将这些球形镜片以毫米级的焦距安装在带有螺旋状的悬臂的小黄铜板上，这使得样本能够正好处于镜片前。将这样一块平板置于眼前，列文虎克能够获得惊人的放大倍数，最好的情况甚至可以放大到 500 倍（见图 0-1）。

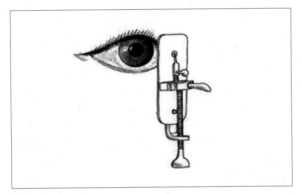

注：样本可以放置在可调节金属探针的尖端，探针正处于固定玻璃镜片的平板的开口前方。将它放置于眼前时，光学系统便形成了。

图 0-1　列文虎克显微镜的模拟示意图

　　列文虎克制作了不止一个或几个显微镜，在创新爆发的时代，他制作了超过 200 个[6]显微镜。事实上，他几乎为所有他想要研究的对象都制作了一个显微镜，并且每一次都是量身打造。因此，几年之后，1674 年 9 月的一天，这位商人可以将这滴命中注定的水[7]放在为它量身定制的显微镜观测台上。

　　列文虎克对光学的过人天赋将他带到了微观世界，而非外太空，这可能也是一段相当令人震惊的旅程。在这些水滴里[8]，他发现了当时尚不为人所知的生物组织。它们太小，难以用肉眼看到，从而躲开了人类的窥视。列文虎克很快就意识到，如果这些微小的生命形式能够在一滴水中存活，那么它们就可以在任何地方存活，于是他将自己的观察扩大到了其他领域。

这些"其他领域"包括极少受到关注的人类嘴巴[9]的角落和缝隙、黏糊的唾液，以及人牙齿上的斑块。将这些样本放在镜头下，列文虎克发现了更多的东西：几十、几百、几千个更小的"微生物"在令人相当厌恶的"海洋"中欢快地游动着。这些各不相同而又充满活力的生物，使人类第一次实现了对细菌这个单细胞物种的惊人一瞥。而如今我们已经知道，细菌存在于地球上大多数的生物体内，其绝对数量和多样性超过其他一切事物，正如它们在过去的 30 亿～ 40 亿年内一样。

我常常会思考，当列文虎克看到这些蜂拥而至的"微生物"时会有何感受。不难想象，他一定很惊奇——列文虎克的笔记和著作显示，他对能够揭露之前所有人都看不到的世界满怀欣喜，而且他花费了随后几年的时间来探索和记录越来越多的标本和样本。但列文虎克是否曾经想过，这些游动、旋转的小生物也在回望着他呢？他是否好奇，那滴水里的占领者会不会正在忙着证明它们是宇宙的中心，并试图推导出它们所在世界的力学也可能包括正在注视着它们的那双巨大的眼睛？

并没有什么证据能证明列文虎克考虑过这些问题。人们当然对这样的发现感到很激动，但也没有太多现象表明列文虎克或者当时的任何人思考过任何的宇宙意义。在我看来相当不可思议的是，当时竟没有人冲到大街上喊出这一新闻："我们并不孤单！我们周边充满了小生物！"似乎当时的人们并不认为，他们在宇宙中的地位[10]会因为基于显微镜的发现而发生翻天覆地的变化——即使有人揭露了一个并不包含人类自身的现实世界。

公平地说，这当中有部分原因是，当时人们尚未认识到微生物与他们的生活之间的真实关系。直到又一个 200 年后，也就是 19 世纪中期[11]时，人们才真正意识到细菌会引发疾病。在那之后的又一个世纪，人们才意识到这些微观世界的"居民"如何成了人类基本组成的一部分，成亿地群居在人的肠道内，与人的生理构造密不可分。即使到了现在——21世纪，我们也才刚刚开始了解这一引人瞩目的共生。

17世纪，列文虎克发现的微生物的地下世界仅被当作有趣的事实为世人所接受，很大程度上与人类的宇宙重要性并无关联。这一狭隘的观点不仅仅是时代的产物，它还反映了一种偏好，这种偏好深深地根植于人类奇特而又强大的心理，涉及人类最基本的进化史和生存本能。这是一种延续至今的行为，一种自动假设人类及其存在的意义凌驾于其他所有事物之上的偏好，丝毫不管摆在人类眼前的证据。

文化一定会发生变化，会改变人类对自然环境和共同居住者的尊重程度，但大部分人认为，人类整体的重要性远超出其渺小。这种唯我论的行为一再出现，尽管人类也一直想要知道自己是为何并如何存在的。也许我们感觉到，这些问题打开了某种场景的大门，让我们置身于流逝的宇宙时间和无关紧要的碎片构成的虚幻之中。最关键的证据莫过于哥白尼定律了，它证明了太阳而非地球占据了宇宙中心，自转的地球和其他行星一样，围绕着这颗炙热的球体旋转。这一世界观断言，人类并非所有存在的中心，人类并不"特殊"。事实上，我们和某些其他生物一样平凡无奇。

的确，在过去的500年里，科学见证了人类的重要地位比历史上其他任何时期都动摇得厉害。现代光学、天文学、生物学、化学和物理学的交叠变革揭示出人类只占据自然世界的一小部分；我们通常意义上的世界既不是微观世界，也不是宇宙，而只是这两者之间很狭窄的地带。现在是21世纪，我们正站在颠覆性事件终点的风口浪尖上，来探索生命是否存在于地球之外的其他星球的真正可能性。我们也许会发现，人类终究就像代尔夫特湖中一滴水里的微生物一样，只占据了亿万世界中的一个而已。或者人类在宇宙中是孤独的，在大张的时间与空间之缝，人类不过是身处这个巨大裂缝的一个小小的孤独群体。

最令人惊奇的是，我们现在有理由相信，这些可能的结果与另一个更深层的问题相关：人类所在的宇宙本身，是否只是那些从最基本概念的真空中诞生的无数宇宙实体之一？这种想法绝对让人头晕目眩，与列文虎克第一次看到微观世界时产生的令人眩晕的感觉一样。

《如果，哥白尼错了》这本书主要讲述我们如何得到这些问题的答案；探索、理解我们的宇宙意义是如何取得实际的进展的，以及在此过程中我们如何挑战了诸多成见与自负。我会论证目前已经可以得出的一些结论，并展示一个方法，表明它如何使我们对宇宙中生命的认识超越当下，达到更高的洞察力水平。

得到问题答案的关键是，要非常仔细地将最伟大的定律之一分解剖析，以服务于科学与哲学。这种想法的根源是朴素的，它们不过是我们对头顶这片天空白天与黑夜的体验。

我们会分析哥白尼提出的非中心现实如何合乎逻辑又令人信服，因为它有效地解释了太阳、月球以及天空中行星的运动，并且比以往的理论更加直白浅显地解释了这一切。但对和哥白尼同时期的很多人来说，这是个恐怖的观念。这一观念在神学上毫无吸引力，因为它暗示了人类并不重要，而且这一观念的某些部分在科学上也令人反感：它挑战了主流宇宙力学分析的核心思想。

随着时间的流逝，人类将非中心化观念扩展得更远。我们现在认为，任何取决于特殊起源或独特视角的科学理论从根本上说都是有问题的。这非常合理。如果这些归纳总结不是真的，适用于你的物理定律可能并不适用于你住在城里另一边的朋友，这是与我们所知的所有事都背道而驰的一种可能。然而，正如我接下来将讨论的，哥白尼定律作为普遍科学问题的一个包罗万象的指南，可能已经走到它能发挥作用的尽头了。

确实，当人类不再是宇宙中心并且现在已经知道宇宙无中心时，我们似乎在宇宙中占据了一个非常有趣的位置——在时间、空间及规模上。此前，关于这些有过大量讨论，有的最终假设地球是非常特殊的"罕见物"，特别是考虑到智慧生物技术上的发展。这个结论很极端，然而我并不相信它已被令人信服地证实。我会告诉你们原因。

尽管如此，环境的特殊性（我们在微生物世界与宇宙之间的地带，在绕着一颗年龄适当的恒星旋转的岩石行星上）依然对人类在宇宙中意义的推论，以及我们搜索宇宙中其他生命的方式影响最大。人类自身宇宙"位置"的特殊性也提供了重要线索。为了能够在确定的宇宙状态下实现真正有效的科学进展，我们必须找到一种方式，一种能够看到自身之平凡的方式。我将展示一种方法来实现这一点。

寻找人类的宇宙意义，解决哥白尼式平凡与我们认为的特殊之间的矛盾，这样的探索将带领我们从地球最久远的历史到达最大限度的未来，到达我们所在星系的行星系统；带领我们从天文学的伟大宇宙到达生物学的微观世界；也将带领我们到达宇宙起源科学研究的前沿——通过数学魔法与对自然的精妙观察进行的探索；还将引导我们坚定地审视自身所在的特殊的环境，以及人类在宇宙中的地位。

THE COPERNICUS COMPLEX

如果，哥白尼错了

PART 1

独一无二的我们

公元前 3 世纪，在爱琴海一处风景宜人的地方，沿着现今的土耳其西海岸，长满葡萄树的萨摩斯岛上，古希腊哲学家阿里斯塔克有了个伟大的想法。

01

如果，哥白尼错了

应该有无数个有人居住的世界，坐落于空间
与时间的抽象形式里，这些构成了平行宇宙。

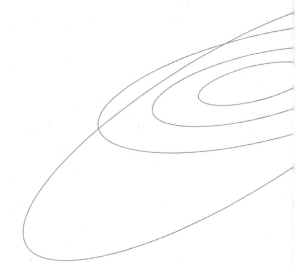

公元前 3 世纪，在爱琴海一处风景宜人的地方，沿着现今的土耳其西海岸，长满葡萄树的萨摩斯岛上，古希腊哲学家阿里斯塔克（Aristarchus）有了个伟大的想法[1]。他提出，地球是会自转并且绕着太阳旋转的，并将熊熊燃烧的太阳球放在了天空的中心位置。这至少是个大胆的想法——阿里斯塔克的"日心说"在当时是非常离谱的，而哥白尼重提这一概念时还在遥远的"未来"。

阿里斯塔克的成果记录只是只言片语，大部分记录又集中在他用来论证太阳比地球大得多的精妙几何分析上。但显然，他从这一视角得出了太阳是已知宇宙的中心以及恒星离地球异常遥远的结论。这对当时人们的疑问来说是一个巨大的、质的飞跃。它也要求人们能够理解被称为"视差"（parallax）的现象。

视差局限于大地与天体，这是个容易理解的概念。你可以这样做：闭上一只眼，举起一只手，五指张开，并从侧边去看，当你将头从一边移动到另一边时，随着你的着眼点或者视野角度发生变化，你会看到不同的手指一根接一根地出现又消失。

视差

远处物体出现位置的明显变化与彼此相关，取决于视线范围。这些物体离得越远，变化越不明显，而它们之间能够感知到的角度偏差也越小。

阿里斯塔克的部分大胆论证包含了这样一个事实，即夜晚天空上的恒星似乎并没有任何视差；它们从不会互相移动。所以他推理得出，如果地球不是固定在所有存在的中心，那么那些恒星一定非常遥远，以至于我们无法随地球位置的移动观测到它们的视差。

就在阿里斯塔克使这一观点变得众所周知前不久，伟大的哲学家亚里士多德因缺乏视差观念而否定了恒星比行星更遥远的可能。亚里士多德的观点建立在理智与常识之上。它基于甚至更早一些的观念，即地球是存在的中心。亚里士多德看待这一切的方式非常简单：如果无法观测到这些恒星视差——它们相对于其他恒星位置没有变化，那它们一定是固定在天空的某一层，围绕着地球，静止不动。

一切听起来都合乎逻辑，除了亚里士多德自己倡导的宇宙学（由他的导师柏拉图的思想总结得出）——这一宇宙学理论认为，宇宙由大约 55 个厚的水晶透明球体以同心圆形式嵌套在固定不动的地球外围构成，每个球体都带有行星和恒星。在这个地心说的宇宙中，地球是所有自然规律的中心，恒星和行星简单地遵循着永远围绕着地球的圆形路径，就像水晶球体一样在滑动旋转。

你可能会问：为什么亚里士多德需要 55 个 [2] 球形水晶层来建立他的宇宙学？部分原因是，他不得不对宇宙力学系统和力的转移做出解释。一个球体会摩擦到另一个球体，推动它绕圈——这是一个伟大的运动和机械构想，保证了所有物质都在天空中按轨迹行走。这一结构意图解决另一个未来的宇宙论者所面临的最为关键的问题；与恒星不同，行星在天空中的运行更为复杂。

这些复杂的移动是一大难题，阿里斯塔克以及后来的哥白尼试图通过置换地球来解决。

行星

"行星"一词来自希腊语短语"游走的恒星"（wandering star），而大部分拥有明亮的反射光线的行星确实在游走。行星似乎不只是做着与恒星有关的运动，在夜晚，可以明显地看到它们移动了位置；有时它们还会反转轨道，在继续行进之前上演几个月的天体翻跟头。类似金星和水星的行星甚至更为颠覆：它们经常无处可寻，行星轨道的速度在不同的时刻看上去都有快有慢，这些坏家伙的亮度也总在变化。

所以你可能认为，当阿里斯塔克提出日心说系统时，人们会长舒一口气，因为将地球放在绕太阳的圆形轨道上很容易就解释了为什么有很多奇怪的向后移动的行星——也就是后来人们所知的"逆行"运动。在这一结构中，产生如此奇怪行为的原因很简单，即我们自己的主视角随着地球本身以圆形轨道运行而发生了偏移。自然地，我们相对于行星的移动时而向前，时而向后，而我们与行星之间的距离也会产生变化，这使得它们看起来时而明亮，时而暗淡。

这简直是一个引人入胜的、有事实基础的想法，但很多人都讨厌它。如果地球在移动，恒星间应该会有非常明显的视差，当然不可能远到让人无法察觉。抛开缺乏可看到的视差不算，把地球从高级的中心位置移开就是可恶的：认为地球和人类不再是所有事物的核心实在荒唐，可怜的阿里斯塔克因此而受到重罚。

人们反感日心说，另一方面大概源于对这一想法暗含的多元主义的憎恶。与柏拉图和亚里士多德的倾向（主张神圣而唯一的地球创造）不同，德谟克里特（Democritus）和伊壁鸠鲁（Epicurus）等古希腊思想家反而拥护一幅现实来自不可分割的碎片与虚空的画面——原子与空间。当时的原子与我们现在所知的原子不同，是物质组成单元的哲学概念，可以被用来描述无数的架构。原子太小，无法被看到，它们有着实心的、统一的内部，而大小、形状、质量各不相同。原子的概念使得这些思想家认为，地球可能并不是独一无二的。事实远非如此，应该有无数个有人居住的世界，坐落于空间与时间的抽象形式里，这些构成了平行宇宙。毫不奇怪，许多世界并不会好好地坐在那儿，聆听柏拉图和亚里士多德的教诲。

相反，接下来的几十年里，一群自然哲学家追随阿里斯塔克，想出了一个地心说"修正"[3]的说辞，解释了行星划过天空时那些烦人的新奇运动，并且保证了地球仍然是宇宙独一无二的中心。他们解决天体运动困境的方法可能最初起源于阿里斯塔克和亚里士多德产生分歧之后的一个世纪内，大约在公元前 2 世纪，由天文学家、几何学家阿波罗尼奥斯（Apollonius of Perga）提出。

之后，这一解释归功于克罗狄斯·托勒密（Claudius Ptolemy）。他生活在阿里斯塔克之后约 300 年的时代。希腊罗马市民托勒密定居于罗马帝国统治下的埃及，他是个创作丰富的思想家，在很多问题上做出了意义非凡的贡献，包括天文学、地理学、星相学和光学等领域。最重要的是，他创作了一部天文学著作《天文学大成》（*Almagest*）[4]，其中关于宇宙的观点在接下来的 1400 年里仍然长盛不衰。

　　在托勒密的系统里，地球坚定地固定于宇宙的中心，外面围绕着月球、水星、金星，然后是太阳，接下来是火星、木星、土星，以及固定恒星的大毯子——所有的圆形轨道。为了使这一排列符合我们在天空中看到的复杂运动，他增加了一系列非常巧妙地沿着特殊圆形轨道（均轮和本轮，见图 1-1）运行的额外运动。讽刺的是，这些额外运动的中心位于与地球有一定偏差的中心上（但在几个世纪里，这一小问题都被满腔热情的地心学说家忽略了）。

　　在这样一个巧妙的排列里，行星和太阳沿着小一些的正圆运动，这种圆被称为本轮，而本轮自身依次沿着大一些的圆即均轮运动，这些圆围绕着与地球分离开来的一个点运动。最终结果与我们看到的行星运动路径的主要特点——行星一会儿在前、一会儿在后相符。为了满足这一点，托勒密的系统需要非常

注：以火星为例，火星沿着一个小圆即本轮运动，本轮依次沿着更大的均轮运动。结果呢？火星在天空中的轨迹看上去就时前时后，随着运动时远时近。

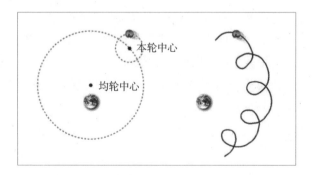

图1-1　托勒密对地心说宇宙学中行星运动所做的几何解释（简版示意图）

精确地调校，以符合实际观测到的行星轨迹，需要小心翼翼地计算每一个本轮和均轮的大小，并按顺序排列，给出最适合已知世界真实情况的可能。

即使构想如此巧妙，系统仍然无法满足所有期待——总与天文学家测量的结果多少有些不同[5]。行星会过早或过晚地到达指定的位置，但还不至于让每个人都垂头丧气。这毕竟是一个令人信服的模型，解释了太阳、月亮和行星以地球为圆心的运动轨迹和性质，以几何学的精确与真理为基础，并且契合这位伟大哲学家的思想。这一模型安抚了数学家和神学家们。

之后，随着托勒密的思想被纳入中世纪西方世界的宗教和哲学领域，这些思想又错综复杂地被归到一个统一的概念性框架里。就像动脉血管帮助保证了血液的流动，地心说的球体和那些本轮成了可见宇宙中机械动力的关键部分。如果你试图挑战地心说宇宙学，你就是在向整个科学体系、哲学以及宗教思想发出挑战——包括与之相关的权力行政机构。

不考虑地心说的重要性，在14世纪，哥白尼与托勒密之间的过渡时期，确实没有一个简单的、令人普遍接受的宇宙排列细节图。这种断层是宇宙学发展过程中最有趣的部分之一，或者至少是太阳系模型发展过程中最有趣的部分之一。在这个阶段，零散的思想与世界观通常只是在需要一个混合和匹配的宇宙时为方便起见而胡乱拼凑的。这取决于你想要的是一个以数学为基石的宇宙，还是一个更抽象的哲学宇宙。而所有这些思想，都是由回顾众多早已离世的古希腊思想家的不同假设与提议而得出的。

与宇宙论的历史同等重要的是，如此多的特性都依赖于当时可达到的测量精度。亚里士多德和阿里斯塔克并不是漫不经心地进行着天文的观测，他们严重受限于当时的条件，仅能用肉眼和简单的工具来测量角度和距离。这一限制意味着他们可能对恒星的视差移动这类问题毫无概念，只是单纯地假设其数值是 0。

行星运动的数据本身精度也有限，知识的缺乏使亚里士多德和托勒密只看得到地心说模型，并且将更加详尽的地心说结构展现给世人。模型或许并不完美，但人类对宇宙的观测水平尚不足以反驳这些观点。

所以，直至 15 世纪晚期，人们在构造地球、行星、恒星的运动模型方面都没有什么真正的进展——特别是考虑到要被西方世界的宗教哲学领域接受、成为一体的需求。事实上，公平地说，以现代科学的眼光来看，中世纪的宇宙模型非常复杂且充满了矛盾。做出巨大改变的时机已经成熟，所需要的只是一个合适的人。

天球的革命

尼古拉·哥白尼出生于 1473 年 2 月 19 日，成长于普鲁士，不久后这里就被割让给了波兰。哥白尼运气不错，出生于一个家境富裕且见多识广的家庭。他接受了良好的教育：包括深入细致的哲学基础教育（在古希腊，这是工作前必不可少的预设课程），还有数学及自然科学——包括天文学的教育。哥白尼十分渴求知识，终其一生，他都没有逃避困难的工作，甚至在科学调查之余还创作诗歌，并参与政治事务。

早期的学习助哥白尼前往意大利进一步求学，在那里，他对天文观测越来越感兴趣——特别是对托勒密系统中月球与行星行为测量出偏差的相关部分。这一时期，其他的观测者也意识到了这些偏差，但勤奋的哥白尼特别注意这一点，经常打破常规，想要找到答案，渴望发现一个比托勒密多年以前设计的那个模型更精确的模型。

16 世纪早期，哥白尼起草了之后成为其完整太阳系日心说模型基础的草稿——40 页的短论《天体运动假说》（*Commentariolus*）。在他有生之年，这本短论从未正式出版过，一部分副本却在有限的范围内流行起来，引起了同时代人的兴趣与重视。毫无疑问，另一些主流支持者则对此不屑一顾。该短论的内容也许很少，但包含了七大重要而有远见的公理[6]。

用现代语言来解释这些的话，以下就是哥白尼关于宇宙的认知：

- 不存在一个所有天体轨道或天体的共同的中心；
- 地球只是引力中心和月球轨道的中心，并不是宇宙的中心；
- 所有天体都绕太阳运转，宇宙的中心在太阳附近；[1]
- 地球到太阳的距离同天穹高度之比是微不足道的；
- 在天空中看到的任何运动，都是地球运动引起的；
- 在天空中看到的太阳运动的一切现象，都不是它本身运动产生的，而是地球运动引起的，地球同时进行着几种运动；
- 人们看到的行星向前和向后运动，是地球运动引起的。

在这个最新的想法出现后，哥白尼十分激动地在他的短论里补充说："地球单一地运动，因此，这足以解释宇宙中如此多的不寻常现象。"

---

[1] 你可能好奇这是否与第一条公理不符。哥白尼并不希望这些是最简单的陈述，它们更像是一系列假设清单。

　　这些公理是人类思想巨大变革的起源。通过更多推理演绎的力量，哥白尼确信我们宝贵的地球自转并穿越宇宙。尽管《天体运动假说》的流行帮助他获得了不小的名望，但直到数十年后，即1543年[①]，哥白尼才拿出这些著作，并且更加仔细地研究了他的理论数学成果，最终（确切地说是临终前）出版了巨作《天体运行论》，开启了"天球的革命"。

　　虽然这一模型大大改变了宇宙的形状，但它仍不完美。正如我们现在知道的，除非正确地把地球、太阳、行星和恒星放在它们各自的位置上，仍然有某些确定的特性使得哥白尼的模型难以符合天文学观测结果。事实上，哥白尼并没有废除托勒密地心说的全部设置，只废除了其中一部分。他继续使用本轮这一概念，以更加匹配行星和太阳沿着周期轨迹运动的真实行为。

　　这一潜在的物理排列更加完善，但对它的应用仍然是个噩梦，原因在于哥白尼固守着一套亚里士多德时代的想法。他假设所有的运动，不论是在大的球壳还是本轮上，都应该是完美的正圆，并且以恒定的速度移动。这符合经典主义、奇妙的几何，但错得离谱——他自己并不知道。然而，哥白尼已经种下了科学思想变革的种子，它最终会演变成什么样的变革呢？

宇宙不是永恒不变的

　　哥白尼发表《天体运行论》之后的几十年内，涌现出大量的托勒密宇宙反对者，与大声疾呼的拥护者一样多。一些反对者，比如乔尔丹诺·布鲁诺（Giordano Bruno）[7]，为其观点付出了惨痛的代价。这位道明会的修士诞生

---

①　究竟为何花费了哥白尼如此长的时间是一些历史阴谋的问题[8]。一种推测是，他害怕与教会和当权者的斗争——他自己的摇摆和改革带来的愤怒是他一反常态地拖延的重要原因。

于哥白尼离世 5 年后的 1548 年。对科学与哲学的研究使布鲁诺不仅支持日心说，还支持宇宙实际上是无限的、太阳只不过是一颗恒星、穿过广袤的宇宙一定有无数其他的有人居住的世界等想法。布鲁诺在古希腊原子学家研究成果的基础上，倡导一种有先见之明的自然观。但他对宗教事务及其煽动性的反对立场引起了当权者的注意，1600 年，罗马宗教裁判所判定布鲁诺为宗教异端，并处以火刑。

在同一时期，富有的丹麦贵族、天文学家第谷·布拉赫（Tycho Brahe）[9] 在观察和记录宇宙方面实现了巨大的进步。他没有使用望远镜，仅仅用裸眼和精巧的测量设备来观测宇宙——发明了新版象限仪、六分仪、浑天仪来测量角度、位置和坐标系，其精度令人不可思议。1572 年的某天晚上，26 岁的布拉赫目睹了一颗新的恒星 [10] 出现在欧洲 11 月的夜空中。这颗恒星表现出了可辨别的视差，但显然之前它从未在那里出现过。布拉赫得出一个结论，即宇宙不是永恒不变的——它会变化，而且变化还很巨大。

我们现在知道他观测到了一颗超新星，当时的情况显示：一颗距离太阳系 8000 光年的自重过重的白矮星无法承受自己的重量，发生了强大的内爆。看到这类原始事件的体验，大大鼓励了西方天文学家制定更好的测量天体位置和亮度的方法，并解释它们的排列顺序。布拉赫努力地试图兼并，或者至少是使托勒密和哥白尼的宇宙一致。他创造了自己的"第谷理论"——地日心说系统。在这一系统中，太阳和月球绕着地球旋转，而其他所有行星围绕着太阳旋转。

虽然这一学说是人为创造的，但布拉赫认为他的设定令人满意，因为他仍未检测到恒星的视差，而保持"懒洋洋的"地球固定不动意味着他能轻易地说明这一事实。更好的是，这个系统给了那些拥护哥白尼观点但仍为自己的科学信仰感到担忧的支持者一个便利的折中位置。但布拉赫对天文观察小心翼翼的呵护最终促成了最为关键的下一步——这一步来自他的助手，生于德国的约翰尼斯·开普勒。

在 1600 年，也就是遇到布拉赫的 4 年前，开普勒在他的出版作品《宇宙的神秘》(*Mysterium Cosmographicum*) 一书中坚决地拥护哥白尼的宇宙系统。有趣的是，开普勒不只是个有强迫症的数学家，还是个虔诚的教徒，他认为所有决定了天体位置和运动的事物都是由于宗教的影响。(这也许有助于解释为何他第一次建立的日心说宇宙模型依赖于一系列三维多面体互相套切——这是一个很吸引人的几何图形设计，但存在严重的缺陷。)

开普勒的一生和他所做的研究是复杂的，他是个忙碌而高产的人，特别是在与科学有关的事上。对光学的科学研究让他推导出基本的亮度平方反比定律：光源强度与光源距离的平方成反比。在观测到 1604 年的又一次超新星爆发后，开普勒同布拉赫一样推理出因为缺乏可测量的视差，亚里士多德的"永恒不变的宇宙"可能并不是个正确的模型。但最重要的是，面对托勒密和哥白尼关于行星运动问题的解释时，开普勒发现自己处于一个独特的位置。

生活奢侈的第谷·布拉赫在 1601 年年末因受到感染而饱受摧残，最终不幸去世。开普勒全盘继承了[11]这位伟大的天文学家最完整、精确的天体位置与速度制表。部分消息声称，开普勒在布拉赫的资产被移交前，帮助挽救了这些记录。已经与布拉赫一起工作过一段时日的开普勒明确地知道自己需要些什么。

布拉赫史无前例的测量结果给予了开普勒一个机会，使他能够继续处理无休无止的令人烦恼的问题：找到适合行星运动的完美体系，包括所谓的余差。在特殊的夜晚，行星可能并不是十分确切地处于模型推算出的位置，这是个非常刺眼的问题。

余差

不同时期预测的与行星的实际位置的差距。

当开普勒坐下来研究这些大量的数据时，他选择将注意力放在对火星的观察上。我认为这是西方科学史上最浓墨重彩的一笔，即使这一选择曾受到布拉赫早期建议的影响。

就开普勒所知的 6 颗行星里，火星的余差现象表现得最为明显。事实上，开普勒证明了如果地球是所有一切的中心，火星不可能是围绕着一条固定的轨道运行的。他继续考虑在这之前所有的宇宙模型都缺失的：物体并不是以永恒不变的速度在移动的可能性。在加入这一考虑后，开普勒打开了一个全新的世界，因为如果物体运动的速度有变化，那么它们可能会沿着不是正圆的轨道运动。这并不是个简单的工作——从开始研究到得到答案花费了开普勒 8 年的时间。

开普勒尝试了适合他的行星运动的不同形状：蛋卵形不行，其他形状也不行。接下来，他只用数学方法来计算这些运动，得出一个解但拒绝了它，直到通过猜想再次得到这个完全相同的解。开普勒最终意识到，所有行星运动的轨迹都属于一类被称为二次曲线[12]的曲线，可以是圆形、抛物线、双曲线，以及最经典的椭圆形。

我们现在已经知道了，在哥白尼模型中，火星拥有怪异余差的原因在于，与金星、地球、木星和土星相比，它拥有最小的圆形，或者说最为椭圆的轨道。在开普勒熟知的行星里，只有水星拥有较大的椭圆率。但对水星的观察完全是依靠它临近太阳。开普勒推断在椭圆轨道中，行星或任何物体在其远地点运动较慢，而在近地点速度加快。这一变化正是消除令人苦恼的火星余差所需要的。

1609 年，开普勒将他的想法汇集起来，出版了《论火星的运动》（Astronomia Nova，又名《新天文学》）一书，书中总结了他描述行星运动的著名定律的前两条：

- 每一颗行星都沿椭圆轨道绕太阳运动，太阳处于两个焦点位置之一；
- 若在行星和太阳之间连上一条线，那么随着行星的移动，在相等的时间内，这条线扫过的面积相等。

开普勒也意识到，在太阳与行星之间可能存在着一种看不见的影响（如今我们将其定义为力）。这一想法十分大胆。虽然完全笼罩在神秘的术语之下，开普勒仍然推导出这样的影响会随着行星远离太阳而减小。因此，越远的行星运动得越慢，这是理所当然的。

在《新天文学》出版后，伽利略[13]制造了望远镜，观测到木星最明亮的卫星的周期运动和金星的相位。这两个观测结果使各方天体世界观的冲突达到了顶峰，越来越多的证据支持一个以太阳为中心的系统，这使得伽利略与当时的教义起了正面冲突。但在伽利略绘制的宇宙图之下还潜伏着其他至关重要的东西，即对人类在宇宙中的意义的探索。

如果"行星轨道是椭圆的"是一个普遍规律，这些路径就不需要都处在围绕中央巨大恒星的单一平面内，可能存在一些特殊的行星，其运动和排列并不完全遵循开普勒定律（这很快就将成为牛顿的物理学）。我怀疑当时没有任何人质疑过，但通向一个比人们以往想象的，甚至是比过去那些原子学家和多元主义者构想的更加富足、更加多样的宇宙的大门已经打开了。伽利略的观测也制造出一些其他的惊喜。通过望远镜，他可以找到正常人类视力难以注意到的暗淡的恒星。抬头仰望看上去光滑、像云一般的广阔银河时，伽利略惊奇地发现，事实上它是由恒星组成的。恒星如此之多、如此之小，以至于在肉眼看来是模糊的一片。这些现象的观测并没有获得它们值得获得的足够关注，但这一切已经开始揭露那些真正影响深远的性质。

正如第谷·布拉赫观测到超新星时的震惊一样，注意到天空中有隐藏的天体这一点与当时人们对宇宙的理解背道而驰。这些观测与几十年后列文虎克在一滴水里、在人类的唾液中观测到的大量的微观世界一起，揭开了之前神秘的、错综复杂的深层现实的面纱，尽管这些对深层性质关键性的披露（向内和向外的）并没有引起与地球是否在宇宙中心一样激烈的论战。

令人苦恼的是，这样的偏移主要受限于教会和当权者。事实上，伽利略和开普勒似乎并没有将日心说看作是地球的地位降低了。与之相反，这意味着地球不再是一摞行星中"最底下"的那个；地球与其他行星一样，在一个伟大的轨道上运行。讽刺的是，开普勒甚至写下了，他认为这一点正意味着地球是行星仪（行星轨道）的中心，水星、金星、太阳在地球内，火星、木星、土星在地球外。不论是从内部世界还是外部世界来看，与日俱增的证据都表明，宇宙确实非常广阔。然而，我们自身对人类在如此重要的体制内的意义的确信再一次降低了这一影响。

我们不是宇宙中的唯一

时间匆匆流过，到了 1642 年 1 月，伽利略过世了，不久后，艾萨克·牛顿出生了。牛顿的一生与哥白尼、布鲁诺、布拉赫、开普勒和伽利略非常相似，经历非常丰富。但我们探索旅程中最重要的一部分是：在 1687 年出版的不朽巨作《自然哲学的数学原理》这本书中，牛顿不仅列出了运动的数学定律，包括惯性、动量、力和加速度的概念，还列出了引力的宇宙定律。

牛顿注意到，物体之间的吸引可以被描述成一种力，与质量成正比，但与距离的平方成反比。通过这一猜想，他推导出了开普勒经典定律的数学证明，第一次向世人展示了控制行星的规则来自基本的物理学。他也展示了对月球运动、彗星轨迹和两个以上的物体间引力的分析。牛顿特别提到，忽略太阳系以太阳为中心的性质，太阳本身确实是在围绕着变化的点——系统中所有物体的质量中心或者平衡点旋转。他甚至肯定这一点离观测到的太阳表面很近——与它的核心有着较大的偏离，而这在很大程度上是由有着巨大体积的木星和土星的引力引起的。后一点事实与现代天文学的观点相似，为其他恒星系中同样类型的偏移提供了一种解释，可以用来找到地外行星和太阳系以外的行星，我将在下一章中讨论。我们测量恒星围绕这一中心点运动的轨道，因为它标志着肉眼无法看见的巨大世界的存在。

牛顿的个性很奇怪，他拥有坚定的宗教信仰，对他而言，行星运动这一优美的物理解释正是至高无上的神学的证据，保证了天体的轨迹是完美的机械作用。对接下来一个世纪的其他思想家，如伟大的法国数学家和科学家皮埃尔－西蒙·拉普拉斯（Pierre-Simon Laplace）来说，这恰恰相反。在哥白尼的日心说宇宙中，无须上帝的指引，无须事先规定或预设，只需内在的物理定律就能决定任何天体何时出现在何地。但拉普拉斯同样认为，通过这些定律知道所有物体在任何时间的位置和运动，我们就能了解过去和未来。或许宇宙中并无上帝指引，但有宿命论 [14]。

对我们身边宇宙的观测随着接下来几百年时间的流逝，随着数学和物理工具的应用持续不断地改进着。对自然这一神秘安排的哲学猜测逐渐让位于更简单的普遍定律。与此同时，我们对宇宙构成的认知越来越多，对隐藏在时间和混沌之下的极端范围和不同现象的认知越来越多。恒星不但离我们很远，而且可能散布在很广阔的空间里，这一想法被更多的哲学家和科学家接受和认可。随着对宇宙的关注度日益提高，就连古希腊原子学家冥想出的无限宇宙都重回人们的视野。

关于人类自身重要性的科学观也在不同方向上得到了发展。紧随牛顿，1695 年，荷兰科学家克里斯蒂安·惠更斯（Christiaan Huygens）[15] 在离世前写下了他对地球外存在生命的可能性的思考。惠更斯相信有"大量的世界"，他通过望远镜观测行星，想象有大量的水和适合居住的地方存在于他看到的行星上，甚至是在木星和土星的卫星上。在他看来，类似人类的生命几乎无处不在。这显然并不是一个能被所有人接受的观点，这使得关于人类在恒星中的地位的辩论逐渐白热化。

在这一时期，还发生了其他的事：从 18 世纪早期开始，人们就对一些出乎意料的、不受重视的、可能引起争议的科学理论 [16] 争论不休，但直到 20 世纪 70 年代都没有得出任何令人满意的结论。由于开普勒、伽利略、牛顿、拉普拉斯等科学家在物理学方面取得了巨大的进步，太阳系成为一种现象，关于它的起源，现在需要一个恰当的科学解释。

如果太阳和行星不是由神创造的，而是由自然规律形成的，那么它们来自哪里呢？我很快就会告诉你答案，保证让你惊奇不已。这个答案巧妙地解决了我们关于起源和意义的更加现代的争论。在那之前，我们需要快速简要地浏览一下宇宙的历史。

在 19 世纪结束时，人类开始接受"真正的宇宙是十分浩瀚的"这一事实。恒星在当时已被认为是距离非常遥远的类似于太阳的星星。天文学家最终成功地测量到在周期运动的地球上几乎很难注意到的视差，从而支持了这一事实。太阳系中还有新的行星被发现——从远距离的、暗淡的天王星和海王星，到体积更小但数量更多的天体，比如谷神星和四号小行星[17]，它们就在火星轨道之外。地球外天体的基本构成通过光谱开始显露出来，包括太阳中一个原子种类的发现——我们现在称之为氦[18]。

但仍然有其他大问题存在：宇宙是否在空间甚至时间上是无限的？银河里的恒星是否布满整个宇宙？有没有可能，那些奇怪的、小的、模糊不清的星云状物质，就像我们所知的仙女座，事实上是其他的"岛状宇宙"、其他的星系？

在一个前所未有的、发明、发现层出不穷的时代，20 世纪前 30 年又发生了一系列的科学变革。这时的故事被重复了无数遍：阿尔伯特·爱因斯坦的相对论，对宇宙真实大小的测量和对星系性质的探索，以及量子力学的发展。这使全新的观念产生，并与那些很大的、显微镜下看不见的、快速且充满能量的物质，以及现实本身的基础、错综复杂的性质糅合在一起。这些变革不可避免地会与现有认知中人类在宇宙中的地位相遇并抗衡。

哥白尼日心说的模型暗示着，不论你站在哪个行星上看，宇宙看上去都差不多。对此进行扩展就是，不论你站在哪里——从太阳系到另一个太阳系，或从我们的星系到另一个可能距离地球 1000 万光年远的星系，宇宙看起来都差不多一样。对爱因斯坦来说，在 1915 年之后的那几年工作，是一种哲学上的舒适，也使他的广义相对论在宇宙中得到了应用，更直接地说——催生了《宇宙学原理》（*Cosmological Principle*）[19] 的出版。

用专业一点的术语来说，这个观点认为宇宙是均匀的，是由相同的物质组成的。虽然它可能包含很多小的不对称，比如一片片恒星和星系，但无论你在哪里，那些地方都含有同样数量的各种元素。这有点像地球的地形：一些地方是高山，一些地方是海洋，但平均来说，你总是可以在你所处的位置找到同样的山和水的融合。如果你试图像爱因斯坦那样，找到一个适用于宇宙的普遍理论，这个观点会非常有帮助。

它同样意味着宇宙是各同向性的，意味着从任何位置向任何方向看过去，宇宙都是一样的。这有点难以理解。毕竟很难宣称我们体验的世界或太阳系就是这样的，甚至夜晚的星空并非均匀的，就像我们能看到的银河带一样。但如果再一次跳出太阳系，来到宇宙的范围，那么在任何方向上看到的天体的数量和排列都差不多是一致的。

第一次有人将宇宙定律和哥白尼猜想正式联系在一起是在 20 世纪 50 年代早期，出生于奥地利的著名物理学家赫尔曼·邦迪（Hermann Bondi）[20] 在他关于现在尚未证实的宇宙模型恒稳态理论中，首次采用了"哥白尼定律"（Copernican Cosmological Principle）这一短语。

正如其名字所暗示的，恒稳态理论提出宇宙是永恒的，没有开始也没有结束。为了使理论成立，邦迪坚持了一个更为有力的原理：在任何地点、在任何时间，宇宙对任何观察者来说在任何方向上都一样。虽然我们现在知道，宇宙肯定不处于一个稳态，但哥白尼宇宙定律强化了一个普遍观念：贯穿整个时空，人类在宇宙中的地位绝对没有什么特别的或可优待的。

20 世纪中期，人们目睹了多个领域的爆炸性发展——从宇宙学到微生物学和基因学，涌现出几代非常有影响力的科学家。但宇宙本身在进化，且充满了多样性，这一点已经越来越清晰了，很多人开始注意到一些基本物理常数值的奇特巧合。这是一些用来描述引力强度或亚原子粒子质量之类的事物的数值，尤其是宇宙寿命的估计值。这些数字的特定组合能够产生令人惊奇的关系。举例来说，引力与电场力之比，即描述引力强度、电子和质子的质量和电荷的恒定数值，该比值大约是 10^{39}，而这个数值和宇宙现在的以原子时间为单位的年龄接近（1 原子时间单位大约为 2×10^{-17} 秒），这一事实第一次由物理学家保罗·狄拉克（Paul Dirac）[21] 指出。

但是，这些不变的常数为什么会和宇宙现在的年龄相关？如果把宇宙向后回溯或向前追溯很长的时间，显然不会是这样的情况。进一步来看，在一些其他的宇宙时刻，客观条件可能不允许任何智慧生物第一时间观测到这些巧合！这对哥白尼定律而言是一件非常讨厌的事，因为这意味着人类出现的时间和地点，以及宇宙当前的物理特性是有些特殊的。

最后，宇宙寿命有限这一观点的终极证据出现在 1965 年，当时，诞生于宇宙早期的无处不在的光子被发现——事实上，光子是一场炙热的宇宙大爆炸的一部分[22]。这追溯出一个非常不一样的宇宙，一个曾经非常密集且充满能量的宇宙，这一点可比美食上的一只苍蝇要恶心多了。这简直就是一大群苍蝇一头栽进了"哥白尼平凡论"的大缸里。接下来到了 1973 年，出生于澳大利亚的物理学家布兰登·卡特（Brandon Carter）提出了一项著名的理论。

卡特在黑洞物理学的现代发展中起到了很重要的作用，受到一群同事，包括物理学家约翰·惠勒（John Wheeler）和年轻的斯蒂芬·霍金（Stephen Hawking）的鼓励，卡特选择在波兰克拉科夫一场规模不小的特殊会议上发布了他的演说，而这一会议是为了纪念哥白尼500年诞辰所举办的。在演说中，卡特表述的观点正是科学家们对宇宙性质和人类的环境之间所有明显巧合的困惑。他深陷其中，讨论如果仅仅改变一些特征——例如改变将事物联系在一起的基本力的相关强度，宇宙会有多么不同。

对这些变化的考虑引出了一个引人注目的想法，卡特将其详细地阐述给他的听众。比如，这一修正版的自然可能并不会产生恒星，但由于我们来自由恒星制造的元素，并且我们在观察宇宙，这一事实可以告诉我们有关人类所在的宇宙的一些事。换句话说，人类的存在本身表明了一些宇宙的物理性质——我们可能比我们认为的更重要。卡特将这一检测宇宙的方法称为"人择原理"（anthropic principle），因为"人择"表示一些和人类存在相关的事。这并不是卡特真正意指的，因为它可以是宇宙中的任何观测者，而不只是人类。但即使他之后又提出一个语意更为精确的术语，"人择"这个词还是沿用了下来。

人择原理

> 人类存在于这个宇宙中，因此宇宙以一种与人类的存在相一致的方式存在。

理解世界的这一方法隐含的意义，用卡特自己的话[23]来说就是："哥白尼教会我们非常重要的一课——一定不要无故地认为人类占据着宇宙中一个有特殊优待的中心位置。不幸的是，总有一股强烈的（并非总是潜意识的）趋势将其扩展成一个最有争议的教义，影响了人类在任何意义上都没有优待的情况。"重要的是我们不能，也不应该忽略大量现象，这些现象显然需要适合人类和其他生命的生存。

现在，关于人择原理已经有了大量的规则。对一些物理学家和很多哲学家而言，这是座不折不扣的金矿[24]，也是茶余饭后常令人困惑和混乱的话题。这一定律的极端版本甚至被用来论证"一个能独立发展的宇宙必须创造出智慧生物来观测宇宙"——我会避开这种观念。

然而，人择原理是一个重要的猜想，促使我们面对一些关于宇宙的先入之见，并检测我们与生俱来的观测偏见。而且，因为它直接挑战了哥白尼定律（这一观念已经成为我们普遍接受的观念），我们应该看一下这些细节。

目前，人择原理倾向于突然出现在对所谓"精调"现象的讨论中，这一讨论包含一些对更细微的宇宙巧合的检查，这些巧合引起了科学家关于这些问题的疑惑。这些精调的观念如下：如果仔细观测宇宙的大量性质，包括那些恒定不变的性质，比如引力相对于其他力的强度，或者宇宙中物质与能量的比例，我们就会发现，即使这些性质发生了极其微小的改变，生命都有可能不会出现。

然而，这一轻微的调整有点复杂，因为我们真正想要表达的是，像恒星和星系之类的天体不会存在，或者它们永远不会产生重元素，比如碳这种对生命组成非常重要的元素。所以，换句话说，很多重要的宇宙功能会无法发展成人类所依赖的第二阶段。这一点，当然也建立在生命是类似于人类的前提之下——但是似乎很难想象，仅含有氢和氦的宇宙可以创造出如此复杂的碳基生命。

　　究竟哪些特性对于生命的存在是最重要的，目前尚不明显。减少可能性的最佳方式来源于对与有形现象相关的量进行巧妙的数学组合。1979 年，科学家伯纳德·卡尔（Bernard Carr）和马丁·里斯（Martin Rees）[25] 就是这样做的。而之后，在 1999 年，里斯重新验证[26] 了这一想法，总结出 6 条范围较窄的、使宇宙能够成为现在这样并且适合生命出现的指标。这几条指标如下：

- 引力强度与电磁力之比；
- 由氢到氦的核聚变导致的物质转化成能量的百分比；
- 宇宙中正常物质的总密度；
- 量子真空涨落的能量密度（可能是同样的暗能量加速了宇宙的膨胀）；
- 早期宇宙规格极小的变异最终发展成了星系和其群组的构成；
- 我们宇宙的真实空间维度。

　　这是一个相当大的数组，任一宇宙能够恰好存在（偶然存在）并具备所有适合生命产生的必要条件的概率相当低。当然，看到这些时，你可能会想："但如果不是这样，我们就不会思考这些，而只是简单地存在于这一类型的宇宙中。"这当然正确。然而，如果这是仅有的一个宇宙，在这之前或之后都不再有其他宇宙，就产生了一个令人不安的问题：为什么宇宙是这样——恰好适合生命生存？

　　最有吸引力的答案之一是，我们的宇宙只是无数组不同宇宙中的一个。这是一个非常现实的简单例子，被时间、空间或维度从无数其他事物中分离出来。"有吸引力的"在此看起来有些好笑——我之前刚刚提到，你所认为的是关于现实性质未被证实的假设。但"平行宇宙"这一想法[27]对于探索物质世界更深层次的真相来说，是一个非常有力的竞争者。确实，当布兰登·卡特总结出人择原理时，他已经考虑了这些。

　　虽然我并不认为有谁可以声称，人类已经找到了存在平行宇宙的直接证据，但确实有一些引人入胜的理论想法欣然适应了它，似乎也提供了一些解决其他基本亚原子物理学和宇宙学问题的方法。如果正确的话，这意味着本质上并没有精调的问题。人类只是单纯地存在于一个恰好"正确"组成星系、恒星、重元素和复杂碳化合物的宇宙中。听起来就好像这个世界巧妙地解决了这一问题，而在很多方面，它确实会这么做——如果我们确实知道人类住在平行宇宙当中。

　　另一个关于平行宇宙的趣事是由"我们特别的宇宙确实是被正确调整以适合生命"这一想法激励的。仍然用纯粹的人择术语来思考——在这些术语中，假设生命完全由人类代表，不需要宇宙当中其他任何地方的任何生命或生命形式来进行这一讨论。这看上去有些狭隘，就像是将整个科学哲学建立在一种非比寻常的鹦鹉的存在之上。我们最不希望的就是被误导进入一条死胡同。所以这种想法值得推行得更远，因为我们尚不知道人类是否生活在平行宇宙的一部分当中，也因为以上的一切都没有让我们更进一步考量人类当前的宇宙意义，或者其中缺乏的部分。

　　只要我们对宇宙的观念有一些非常简单的改变[28]，就能知晓某些精调的方面和人择原理是如何开始分散追寻我们的意义的注意力的。我会在这本书之后的部分列出一些其他的想法，但先让我们从接下来的这一幕开始——用一个好玩的问题来引出一个严肃的观点。

想象这样一个时刻：伽利略对宇宙观测的解释被迅速接受，成为理性和技术的最高成就。伽利略没有被折磨摧残，取而代之的是，他成为 17 世纪教会和统治者的宠儿。在这条时间线上，开明的当权者抓住这一时机，开创了伟大的技术变革，并看到了工程学和科学潜在的经济利益。

在热情的接受和赞助环绕下，伽利略迅速动工，制造复杂精妙的望远镜。这使他成为第一个发现行星围绕着恒星旋转，并确定这个世界上存在很多生物系统的人。这是一个可爱的幻想，一个以马和水为动力的科幻小说对历史的重新演绎，但最重要的是，这也会让我们问问自己，如果真的发生了这样的事，今天的世界又会变成什么样。

在这之间的几个世纪，我们可能已经知道，生命并不仅限于地球，甚至可能已经了解了是否任何生命都不仅仅是微生物或沉默寡言的生物。在这种情况下，重点在于我们的手边就有真正的答案，来解答人类生命存在于宇宙中的可能性有多大或者有多不平常这样的问题。

让我们假设在这个平行现实中，找到类似于地球上的生命是比较普遍的。这经常发生，但生命既不会在每一个合适的世界里遍地都是，也不会如此特殊地仅存在于散布在宇宙中的特定星系中。将宇宙学中的精调理论嵌入人择原理又会怎样呢？我们可能根本没有想过要问这些问题，这就像是突然决定要问"世界上为什么会产生一定数量的蜗牛"。但即使我们确实问了这些问题，"调整"的观念在这一假想的现实世界里也不会支撑太久。

宇宙似乎适合制造有限的生命，几乎没有伟大的宇宙意义的东西；宇宙是一个偶尔制造些有用的东西的肥沃池塘。现在，我们发现答案位于两个可能的极端之间：从生命是宇宙 140 亿年时间内全然意外存在的稀有物种，到生命遍布每一个行星系统，并带有新的变异。

在前一种情况中，我们几乎不会认为宇宙是非常适合生命的，物理常数与生命需求的巧合只是个残酷的笑话。相比之下，在后一种情况中，我们可能会推断，生命本身与其说是宇宙的基础，不如说是一种非常强大的现象。我们甚至会问，是否有任何（几乎无法想象）环境，使得生命不起源于物理规律的支撑。

这里需要说明两点。第一点是微不足道的，即我们最终提问的问题本身就是我们对周围环境观测的直接作用。第二点就重要得多了，因为不像我想象的那样，地球上有着另外不同的居民，我们目前确实不知道以上哪种情景适用于我们的宇宙。

更进一步，精调可能不是一个孤注一掷的解决方法。相反，它可能是一个"粗调"问题，其中隐藏着真正的精调。在我假想的例子中，宇宙适合生命的问题不是一个全赢或全无的问题，它取决于一系列可生育性与可能性。事实上，我认为在人择原理中有一个隐含的假设，即生命是脆弱的，必须存在于一切事物完美匹配的情况下，否则，生命就不会产生。

我们从地球上丰富的古生物学证据中知道，残酷的自然选择允许生命精调自身[29]来适应周边的环境。面对不同的化学混合物和丰富的、至关重要的元素，还有大量不同的能量源，生命找到了一种方式。不可否认，这处于一系列由宇宙基本定律决定的环境中。但地球上的生命已经变得足够多样，能够开拓出形形色色的第二条生物化学策略，而不只是简单的一条。

生命起源和存活下来所需要的远不止一个原始的、可用的环境，这一点并不明显。所以，真正的宇宙论的精调应该更多地关于生命能够很容易地出现。就目前而言，至少我认为智慧生物和"简单"生物之间没有区别，因为任何形式的生命都不简单。

这种看待事物的方法与物理常数和其他数值（如宇宙中质量和能量的比例）的巧合的研究一致。在大部分情况下有一点调整的余地——大型恒星内部核聚变产生元素的方式很好地说明了这一问题。

在 20 世纪上半叶，科学家们意识到恒星内部的条件会使原子核发生聚变，释放出巨大的能量，并形成更重的元素。但实现的方法并不简单，20世纪 50 年代早期，英国天文学家弗雷德·霍伊尔（Fred Hoyle）[30] 意识到碳元素有个问题。在那个时期，物理学家关于恒星聚变的大量理论表示，恒星是与碳无关的。但霍伊尔注意到，既然人类是由碳元素构成的，那么宇宙必然有一种方式，能制造出足够的碳。这一令人费解的困惑促使他去探索碳的产生过程。

霍伊尔发现，碳元素能够在宇宙中轻易地形成是因为一种特殊的现象。恒星内部 3 个氦原子组合的一个阶段释放的能量，几乎与一个激发态的碳原子核能量完全相当——这正是 3 个氦原子组合的自然产物。这导致了被称为碳共振的现象，一种协调的能量状态。这一状态极大地促进了原子反应的效率，因此否定了恒星无法制造碳元素的说法，它们能制造很多。

在很长一段时间里，碳共振被认为是人择原理最为有力的证据[31]之一，也就是说，碳元素的存在及碳基生命本身意味着恒星内特殊的核反应过程。这是真的，但并非完全如此，因为在细节方面有个恶魔。我们现在知道，核反应的能量不需要如此精确地匹配以制造碳元素，有很大程度的余地，因此精调也就不那么精确了[32]。很多精调的参数也是一样。事情可能会有一丁点的不同，而对我们知道的生命而言，条件也许还算过得去。

这一调整的余地的概念还会更深入一些。如果最终能够测量宇宙创造生命的倾向性——有效性或者密度，这些衡量生命在任何给定的宇宙中的参数，我们就会发现一种新的工具，来探测自然的基本性质，并根据这些基本环境预测生命的产生。

这并不是说关于生命有什么不可避免的"特殊的"事[33]，而是说明生命是一个高度复杂的现象的极好例子，是一种可以想象的、在太空中最为复杂的存在，与宇宙中物理定律的很多关键特性有着错综复杂的联系。正因如此，生命代表着宇宙性质的自然石蕊测验，代表着检测特征之间具体的相互影响力的"笼中雀"——这些特征有无数种可能的排列与组合方式。

这不是简单的人择原理的新措辞。人择原理的核心论点指出，生命的唯一发生产生了关于宇宙的预测。与之相反，我提出一种方式，来学习如何接受宇宙的特性，预知丰富的生命，并因此预测人类的意义。这有点类似拿出一份调查问卷，并通过民意调查来预测选举结果。

关键在于，人们已经对哥白尼发展出一种非常复杂的认同心理，他的想法非常清晰，精确地描述了我们的太阳系，并帮助我们打破了深层而又可怕的区域性。人类在并无特权的平凡性方面的明显证据出乎意料地引人入胜（正如它在面对我们所有的唯我论和以自我为中心的偏好时一样），它也允许我们在理解我们之外的宇宙时，与理解我们所在的宇宙一样，创造出意想不到的进步。但这也导致了一些令人困惑的局面。

面对这一切，哥白尼定律意味着，人类在宇宙中不是唯一的，既不是中心也并不特殊，地球的环境应该代表着宇宙历史上在此处任意一个物理位置的环境。

所以，根据这一逻辑，不但有大量的其他生命存在，而且其中很大一部分会和地球上的生命非常相似。但我们自己假设的平均值真的是制造出这样一个论点的合理基础吗？它有一点过度解读了科学福音的字面意思。哥白尼只是试图简单地解释行星在太阳系中的运动是最少人为干预的、最多数学逻辑导致的。我们是不是过度解读了这个最初只是用来解决数学问题的数学方法？

认识到哥白尼定律的局限性并不是一个特别有争议的建议。人择原理就是一个好的对比，很多天文学家和物理学家在人类所处环境的某些直接相关方面发现了相似的线索。事实上，我们如此明显地处于宇宙中的一个特殊位置——围绕一颗恒星，在一个星系的外边缘，并不孤立于虚空的星系之间，处在宇宙历史上恰当的时间。这与"完全的"平凡并不一致。

状况是这样：哥白尼的世界观，最好的一方面是，它揭示出宇宙应该充满生命，正如地球一样；而最坏的一方面在于，它并没有真正告诉我们一种方法。这种可以选择的人择论点需要的只是宇宙中一个简单的生命的例子，而这就是人类。最好的情况下，一些精调研究表明，宇宙并不是特别肥沃，可能只适合以重元素为基础的生命形式。没有一种观点揭示出我们所期望的宇宙中生命的实际丰富性，也没有观点表明人类自身的意义是狭隘的或无足轻重的。

我们想要一些答案！所以为了找到事实，我们需要好好地、仔细地看一看宇宙，要从多方面看一看我们之外，人类所处的宇宙中的大量物质。我们需要在平凡的假设、精调的假设和人择原理的假设中找出一条路。我们需要找到一种方法，来看看围绕在这些极端周围的东西，并精确地测量我们所发现的。

《如果，哥白尼错了》这本书中的故事正是关于这场伟大的冒险，并让我们找出努力发现在内和在外的宇宙的意义。它同样关于人类的过去与未来——特别是未来。但更多的是，它是一种根深蒂固的需求，一种令人懊恼而又反复出现的渴望。当试图思考人类在大规模创造上的地位时，每一个人都会这样渴望。

我们需要知道，真正地知道，人类到底是否有意义——不是情感上的或哲学上的，而是物质上的，用那些冷酷的、坚硬的事实和数字证明。这是人类面临的最伟大的科学挑战。挑战的一部分是去理解并看到过去我们的世界错综复杂的模型，那个世界非常好地服务于我们，但需要一次又一次地修订、更新，有时还需要废弃。接下来的一步是，从今天我们熟悉的地球出发，到过去或未来不熟悉的地球。如果想要定位我们的位置，就需要开始向外、向上伸出手，触摸宇宙的时间和空间，同时向下深入到微观世界。我们会发现，有进取心的科学家列文虎克在 300 多年前从显微镜下看到的世界仅仅是一场幻想之旅的开始。

02

十亿年的狂欢

最终，我看到了我的目的地，在一片反射的
太阳光中冉冉升起。这是有着纯粹的白色和
银色涂层的望远镜的穹顶，坐落于四周是无
尽的蓝色天空的地方。

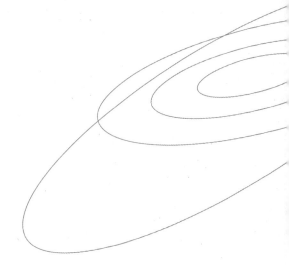

地球正在改变的地理区域可以说是令人叹为观止的。如果你想要个好例子，来一场旅行吧，走进那个被智利人称为"大山"的地方，它位于南美洲阿塔卡马沙漠[1]的最南边。如果你想像我一样，要得到最好的证明，那就从太平洋开始你的一天吧，就在圣地亚哥向北近 500 千米的地方，海浪正翻滚着冲上拉塞雷纳[2]的海滩。

在这里，我常被惊醒，饥饿的鸟俯冲着穿过潮湿的、带有咸味的、充满海草和深海动物味道的空气，发出阵阵刺耳的叫声。外面的海滩上，一些孤单的身影在沿着沙滩慢跑，清晨的阳光洒下一层光雾。这是蒸发凝结日日循环的开始，这是沿着海岸线上演了百万年的一幕。对我的鼻子和肺来说，这是一杯直接来自这颗行星生物圈的冒着气泡的开胃酒。我深深地呼吸着这冰冷的空气，然后开始沿着满是灰尘的路，一路驶向我的终点。

在我驶向壮丽的埃尔基谷（Elqui Valley）[3]的路上，清新的绿色农田和葡萄园不断地出现又消失。埃尔基谷是一片呈巨大的 V 字形的、向大陆内延伸很远的切口谷地，葡萄和热带水果是这里的主要作物。我知道原因：阳光充足，巨大的山谷生机勃勃。这是一片温暖而又充满能量的、富庶肥沃的孕育之地。

　　大型水塔点缀着碧绿的土地边缘，装饰着著名品牌的皮斯科酒的商标。皮斯科是一种烈性的葡萄白兰地酒，已经在这片区域生产制造了约 500 年，并销往世界各地。

　　但随着我向内深入，事物迅速发生变化，不可否认，海拔从海平面上升了。一个十几年前刚刚完工的改善作物灌溉的巨型水坝赫然耸立在远处，那巨大的、由岩石和混凝土构造而成的堤坝横跨山谷，规模如此巨大，很难在物理时间内自然形成。

　　不久后，我从满是人工痕迹的景象中转变了方向，围绕着我的不断增加的绿色迅速变成混杂的低矮的灌木丛、棕红色岩石和泥土。再过几分钟，仿佛穿过一道看不见的边界，我进入了一个完全不同的地方，一片在时间和空间上被移除了的矿物区域。

　　这就是智利人说的那些山，然而，不论以我过去用过的哪种标准来评判，它们都不是山。它们是由不可思议的地壳折叠产生的安第斯山脉的一部分，是真正意义上重要的地理物理特征，绵延 6500 多千米，高耸入云，与此同时，大洋玄武岩潜入漂浮的南美板块大陆岩石的底下。这颗饱受折磨、逐渐冷却的行星值得大书特书。一块外表面曾经紧缩的结晶材料漂浮在岩浆的海洋上，它一头撞进巨大岩石圈板块的坚固地壳，与内部的重力深井争夺着平衡。

　　道路开始随着海拔的升高而缓慢上升，大地变得更加干燥和空旷。进程逐渐慢下来，因为偶尔有石块散落，带尖角的碎石和泥土掉落在地上。但最终，我看到了我的目的地，它在一片反射的太阳光中冉冉升起。这是有着纯粹的白色和银色涂层的望远镜的穹顶，坐落于四周是无尽的蓝色天空的地方。这些现代的尖塔属于托洛洛山美洲际天文台（Cerro Tololo Inter-American Observatory，CTIO）[4]，这将是我接下来一周的家。

我来这里是为了完成一项比较普通的天文任务：校准几个遥远的宇宙岛——一系列四散在可见宇宙中的难以归类的星系的快照。为了达到这一目的，我将其中一台望远镜据为己有，观测了数晚；我将与这台望远镜绑在一起，共处于一个温暖的、满是计算机和监视器的屋子中。

在这个小小的洞穴中，我可以控制穹顶的机械动作和望远镜敏感的数字照相机，它的最中心部件用定期注入的液氮[5]来降温——这项任务可以测试在南方的深夜中最稳定的手的协作能力和神经。我希望拍摄到的画面只代表了一个漫长项目的某个阶段，该项目旨在测量、绘制这些遥远的恒星乡，跟踪它们在宇宙时间中缓慢的进化过程，这是一项将占据我和我同事多年时间的研究。

和任何专业天文台一样，托洛洛山美洲际天文台运行有序。白天，那里的工程师和技术人员修整、清洁、测试望远镜及其附件。傍晚时刻，昼伏夜出的天文学家们摇摇晃晃地从山脚的宿舍冒出来——在地板上坐上一晚之前需要找些吃的[6]。而每天晚餐过后，他们会前往山顶。

这里的山峰在 20 世纪 60 年代被炸药和重型机械推平，为 6 台大型望远镜穹顶和设备提供了空间。这是一座宁静而又美丽的纪念碑，纪念着人类的求知欲和成就，它屹立在像是天空入口的地方。这个夜晚没什么特别，很快，我就到了我的地盘，打开设备，摸索着液态气体，接着打开望远镜穹顶的弧形外罩，将一整天太阳照射产生的热气排放出去。

每一个天文学家都有自己使用望远镜的习惯和不成文的传统。对我来说，观看日落是很重要的一点。这可不是由于什么罗曼蒂克的原因。我喜欢在长夜漫漫的工作前呼吸一些新鲜空气，我喜欢得到关于天空像什么和当地天气会如何的第一手感觉——这是影响我希望收集的数据的质量的两个重要因素。

在托洛洛山的顶端，很容易做到这些；你只需在外散散步，沿着被削平的山顶石子路走上一圈。在山脊的边缘，大地陡峭地向下延伸，留下一道壮观的风景线——遥远的乡村风景和翱翔于天堂般的景致。

另一些天文学家选取了沿着山脊的相似的位置，每一个人站在那儿，像是一只会思考的狐獴在视察自己的王国。在我们的前方，西边的地平线处，起伏的小山在天空与大地之间形成了波浪般的剪影，在沙漠上投下影子。太阳逐渐下落，跌出视野之外，黑暗侵袭了整个世界。

这一晚，太阳消失，头顶上无云的天棚开始暗淡下来，它与我以往记忆中见过的天空都不一样。在地平线的边缘，太阳出现、向上升起并到达头顶顶峰的地方，有一条倾泻的发光带，随着它的升起逐渐变窄，直至消失。像一把异常明亮的宝剑的剑锋，它是如此明亮，不可能是银河中的恒星。

我很震惊并感到相当困惑，犹豫着走向那些和我一样站在这里、目睹了这一切的天文学家中的一位。我指出，或者说是嗫嚅地说出我的困惑，请求得到一个解释。而他回复我的只是一个简单的词。

这道天空中的光是我应该认得出来的光，但它通常不会出现在最黑的夜空之外，而远离文明世界。现在，它也随着我脑海深处第一次遇见它时的那些泛黄的记忆一起逐渐消失了——黄道光（zodiacal light，见图 2-1），它是太阳系本身优雅的语料库的一部分，我身边一切事物起源的路标。

注：阿塔卡马沙漠地区边缘地带 2500 米高的拉西拉天文台（La Silla Observatory）。（European Southern Observatory, 2009, Y. Beletsky）

图 2-1　智利另一个天文山顶日落后看到的黄道光

太阳系，也只是微光中的尘埃

不论是以天体标准还是人类术语来衡量，我们居住的都是一个十分广阔的地方。从你现在坐或站的位置到月球之间，是大约 38 万千米的真空，到太阳之间是大约 1500 万千米的星际空白，这一距离以光速行进的话需要走 8 分钟。

伟大的太阳[7]，这颗充满狂暴核能量的星球，本身直径约有 139 万千米。但太阳和太阳系最外缘的行星海王星之间，是令人难以置信的、平均距离约 45 亿千米的鸿沟。作为对比，行星的大小范围从巨大的气态木星的直径 14.3 万千米到密实的固态水星的直径 4800 千米不等。因此，人类的整个世界仅仅只是宇宙中的一个小黑点（见图 2-2），仅仅是在一个洞穴空间中围绕着微不足道的恒星蜡烛四处游走的碎屑。

这些密实的小行星体围绕太阳的轨道处于一个相似的平面——事实上，将它们的运动放在一起，能粗略地勾画出一个简单的大圆盘的轮廓。很多其他更小的天体也占据了同样的区域，甚至更向外，直到太阳系最远的范围。数以亿计的岩石碎片和其他的冷冻化合物围绕太阳运动，从成千上万的直径几千米的石质小行星，到未知但数量巨大的、由更小的固体物质组成的巨石或碎石块。

注：地球是靠下一些的左起第三个小点。（NASA/JPL/Space Science Institute）

图 2-2 太阳系中太阳和主要行星的大致比例

并不是所有这些小球体都会紧紧依附在行星盘上，很多会处于远离这个平盘的轨道上。那里也有大量富含冰的彗星核。如果仓促一瞥，这些彗星核很有可能被当作小行星，但如果它们飘移到距离太阳太近的地方，就会点着水和其他化学物的不稳定混合物，从而发出耀眼的光芒，留下长长的尾巴。

数以万计的这些更小的天体位于火星和木星之间的小行星带。这片区域是如此巨大，以地球的标准来看，这些天体稀疏地分布在这一带。在较大的星体之间有超过百万千米的间隔，人类的航天飞船可以飞过这片区域，而不发生一次碰撞。其他的块状固体更像是到处漫游的小虫子，以各种路线在太阳系的圆盘里飞进飞出。

离太阳更远的是更多的小行星、稍小些的行星甚至矮行星（冥王星就属于矮行星，周边围绕着 5 颗卫星）。这些行星所占据的轨道位于木星、土星、天王星、海王星和更远的地方之间的区域——它们组成了被称为海王星外天体的大家族。它们存在于寒冷的、至今仍是一个谜团的柯伊伯带（Kuiper Belt）[8]，其本身与太阳之间的距离比日地距离大约远 50 倍。

在这个地方，微弱的太阳光大约是人类在地球上感觉到的 1/2500[9]，养育我们的恒星变成了永恒黑夜中的一个亮点。在这个区域之外，是一片据推测被称为奥尔特云[10]的区域，远离太阳成百上千倍。我们认为这一区域是普通类型彗星的发源地。这些彗星位于如此远距离的轨道，可能几百年、几千年甚至几百万年才出现一次。为了产生我们看到的彗星，在这片尚未探索的奥尔特云边缘，必然有亿万的冰体偶尔向内推动，落向熟悉的行星。

这是来自太阳系最深远的历史的松散碎屑，甚至很可能是来自其他经过的恒星介入的远距离中途站，它们在我们围绕银河系不断运行的轨道上相遇了。除这点外，大概距离太阳 1 光年远的地方，是真正的星际空间，是宇宙其他地方的起源（真实比例的太阳系见图 2-3）。

这是一个巨大的点阵，大部分是空的。但是另外有一些东西非常轻微，它们充斥着太阳系的空隙，那是星际尘埃的组成部分。细小颗粒状的硅酸盐和富碳物质分散在广阔而缥缈的烟雾中，遮挡了其中的行星。这片云以膨胀的圆盘形式从木星轨道周边分散，直至水星轨道以内。

这些颗粒中最大的只有 0.1 毫米，几乎不比微观物体大，每立方千米中的数量不会超过一颗。但太阳系是个非常大的空间，所以仍有数量庞大的颗粒分散在其中，反射着光线，仿佛飘浮在房间中一束阳光下的闪烁着微光的尘埃。

站在智利的这座山顶上，我正在观测横跨天际的微光。太阳光的光子疾驰出太阳系，被尘埃颗粒分散，并被送入新的路径，最终进入我的视网膜。

注：图上方，内部行星围绕着太阳的正确轨道，缩小之后（图中间部分）可以看到木星、土星、天王星、海王星轨道和更倾斜的冥王星轨道。所有的这一切都由在外侧的圆环状的柯伊伯带围绕，位于巨大的奥尔特云（图右下方）冰壳内。距离这片星云的边缘最近的恒星大约有 3 光年即 29 万亿千米远。

图 2-3　真实比例的太阳系原理图

古代天文学家将这种光称为"假曙光"[11]，因为它会在日出前一小时左右出现在东方——就好像时间本身消失了，太阳又一次回来点亮了世界。事实上，并不是世界被照亮，而是太阳系的外框被照亮了，所有的行星在它们的轨道圆盘上对齐，所有的其他天体共享同一空间，留下一片尘土飞扬的景象。这是一幅壮观的景象。

所有这些发光的尘埃和曾经制造地球本身的那些固体物质来源于同一个祖先。这种物质凝结积聚，融化解冻，最终演变成行星和卫星核心和岩石外壳的层状矿物。在我驱车从太平洋前往安第斯山脉的路上，有着共享同种物质的清晰的谱系。这些完全相同的化合物和元素帮助滋养了埃尔基谷的土壤，同样的组成物像砂石一样在我脚下移动。我意识到，当我注视着遥远的千兆颗尘埃微粒的光芒时，它们也是和我一样的物质。

这对我来说是意义深远的一刻，不期然地提醒我在我短暂的存在与重要的事（Big Important Thing）之间最深刻的联系。但是，这一系列导致这一瞬间的事件究竟是如何发生的？太空尘埃的颗粒是如何变成行星的？它们如何组成了包含山川、大洋的世界，并且还让活的、呼吸着的生物询问它们在宇宙中的意义？

太阳、地球和其他行星的历史是非常漫长的，有时也是极其复杂的，但我们最好从认识到即使今天大自然也没有完成它的构造工程开始。一些最初负责构建改造行星体的同样的过程，仍然在我们的太阳系中进行着。黄道光正是这一情况的最大线索之一。

创造了黄道光的尘埃十分短暂，令人惊奇。最小的微粒是如此之小，以至于些微太阳光的压力、噼噼啪啪的光子和粒子辐射一起，就能将它们驱逐向外——事实上使它们加速达到了逃逸太阳系的速度并就此进入了太空深处。

但最大的微粒被驱使沿着一条螺旋状轨道向内行进。太阳光子的加热效果引起了太阳光和它们自身热量的微光的偏差，产生了微弱的效果，导致了与盛行风相反的推力[12]。最终，不断增加的靠近太阳的剧烈辐射会削弱或瓦解这些颗粒，或者将它们分解成气态的原子和离子，或者使它们变小，小到能够被卷入太阳风并被吹回星际空白处。

还有另一种机械运动可以摆脱星际尘埃，即"行星的贪婪"。在一年的时间里，地球的引力和黏稠的大气层就能从太阳系中捕获令人惊讶的4万吨尘埃。我们知道这是真的，因为我们能抓住这些尘埃。从20世纪70年代开始[13]，科学家就利用平流层的气球和NASA操控的U-2间谍机来收集地球大气层高处的地外尘埃。这些被捕获的粒子在历史的科学重建和太阳系的进化过程中起到了直接而又重要的作用。

去除尘埃的结果就是，用行星物理的标准来评判，星际尘埃不会存在太久。在1000年到10万年的期间内，一般的微粒都会遗失或被毁灭。然而，现在它们还随处可见，在夜晚的星空中熠熠生辉。也就是说，这些尘埃不知何故、不知从何而来就重新布满了天空。

这是一个重要的标志，意味着太阳系不是恒定的。另一项证据，就像第谷·布拉赫观测到的超新星，表明宇宙遵循另一个不同的时钟嘀嗒行进着，与人类对时间的感知大相径庭。这一事实影响了人类理解宇宙的方式，同时也引导人类寻找一种新的方式来描述我们所处的空间的性质。

那么太阳系的尘埃来自哪里，关于人类更深远的历史又告诉了我们些什么呢？有两个主要的罪魁祸首导致了太阳系尘埃的产生：一个是相对良性的彗星扩散[14]，另一个是小行星的剧烈碰撞。

富含冰冻的水和其他不稳定化合物，比如固态二氧化碳的小天体经过太阳时，如果离得足够近而导致其受热到临界水平，就会形成彗星。在真空中，像冰冻的水这类物质在受热时不会变成液体，它会经历一种直接的变化，处于固相与气相之间。因为这一点，彗星固体核中的冰冻化合物会爆发出喷射状和羽状气体，喷涌出古时困在其内的颗粒，固态的尘埃进入星际空间，形成了反射黄道光的部分物质。

我们怀疑另一部分尘埃是由小行星的碰撞造成的。而哈勃太空望远镜[15]捕获到了恰好发生在火星和木星轨道之间的这类事件。沉重的、巨石般大小的天体和笨重的、山一般的岩石偶然相撞。当这件事发生时，层层物质向外喷射，脱离自身的轨道，扩散到太空中。

从多重意义上来说，这意味着在黄道尘中，我们正在目睹毁灭太阳系45亿多年辛勤工作的起因。行星起源的隐蔽元素和结晶矿物被挖掘出来，并被随便扔出，只能抓住它们在太阳风中的机会。太阳系形成的45亿多年来，古老的化石残留物仍然在相互碰撞、磨损，而彗星则蒸发殆尽，直至灭亡。所有这些就像是飓风过境后留下的残骸和零碎物品，是古老的过去和深刻的未来的部分线索，是我们努力理解宇宙状态的重要组成部分。

恒星的形成

要绘制出一时的并且仍在不断变化的宇宙性质，就要将关键事件按正确顺序排列。但是人类在何时何地真正开始了太阳系的故事，又会在何时何地结束它呢？我尽可能地回溯到138亿年前，在一个快速冷却的宇宙中，基本元素氢和氦的出现几乎不超过3分钟时。甚至比这更早一些，在大爆炸的那一秒，宇宙中的物质与反物质的对称性发生了十亿分之一[16]的偏差，残留的粒子变成了我们知道的所有可见物质。另一个潜在的起始点是最早期的恒星，它们通过熔接氢和氦的核而形成氧、碳等元素并开始制造重元素。

但为了形成恒星，引力必须第一个发挥作用，将隔离的物质凝聚成越来越密实的物质。这是一个涉及物质凝结的过程，影响因素超过万亿。同样重要的是，我们银河系的特殊历史也是由暗物质和正常物质形成的。

太阳及其世界就像是一滴雨水，在特别的一天中的一个特别时刻，在一朵飘在地球天空某处的特定的云里——这片云现在大部分都已消失了。所以为了讲述地球起源的故事，我们需要关注这里——一个银河系中存在了约50亿年的地方。

行星际尘埃是这个地方的线索。之前它是彗星和固态小行星的一部分，有些是星际尘埃——炙热的恒星等离子体，富含碳和硅。这是一种气体，冷却结晶，古老的恒星去除它就像是去除松散的皮肤，有时会在超新星爆炸时驱赶它。这些微小的颗粒像被风吹走的沙子[17]般四处扩散，充满星际空间，形成了星云——恒星孕育所。这些结构非常像我们今天研究的一个地方，一片意义非凡的气体与尘埃云，被称为三叶星云（Trifid Nebula，见图 2-4）[18]。

从地球的有利位置看去，三叶星云的结构像是一朵有三片花瓣的花，围长 25 光年，距离地球超过 5000 光年。在其中，我们可以看见一场缓慢的戏剧展开，与人类自身的起源遥相呼应。虽然在我们的星系中，所有星云只代表着恒星之间 5% 的物质，但在这样的地方，气体最为紧密地压缩在一起，新的恒星和行星正在形成，正如过去几十亿年一样。

注：哈勃太空望远镜的
细节图，放大了其中一
个特殊区域。附近的恒
星照亮了指状物和密集
的星际尘埃的边缘。
（J. Hester, Arizona
State University, and the
Space Telescope Science
Institute, NASA / ESA）

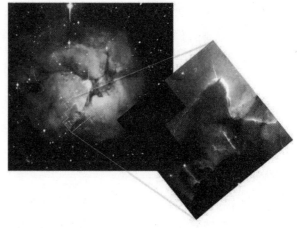

图 2-4　三叶星云

　　大量的恒星已经隐藏在气体分子与尘埃大量聚集的三叶星云中。一些天体比太阳还要大几十倍，因此它们更加炙热，更加明亮。它们的辐射倾泻而出，穿过三叶星云，像是在侵袭纸张的火焰。强烈的紫外光星际战线烧灼着冰冷的气体，将它们冲散、推挤成奇怪的样子。更为密集的气体形成锋利的指状和脊状物，它们周边更为细小的物质也随之挥发。

　　这种洪水过境般的光和粒子的冲击力可以触发星云物质的凝结，最终在自身重力的压缩下坍塌。对人类感官而言十分脆弱的气体将被推动越过爆发点，在这里，引力手握大权，开始建造更多的恒星系统——创造出大块直径若干光年的星云。随着时间的推移，这种强烈的辐射有助于将无用的部分气体蒸发掉，露出紧密的卵状斑块[19]，在其中形成类似太阳的恒星，并伴生着行星一起。

　　在这些结构中，引力非常迅速地发挥作用，将物质聚集在一起，并向中心压缩。不断加速的物质如雨般纷纷落在这些地方。有时，这是由更多的这种外部压力促成的，包括附近爆炸的太阳冲击波。中心核处开始形成恒星，一个不断增长的旋转的球体，我们称之为原恒星。在其自身质量的压缩下，这团越来越热的气体开始由螺旋的轨道物质围绕供给，伸展成一个大圆盘状，比地球轨道半径大 100 甚至 1000 倍。

一些气体星云盘冷却并凝聚，足够制造出更多的尘埃、碳分子颗粒、冻水和硅沙。一些组成物不稳定地聚集在一起，又长了几米。这些毛茸茸的、黏稠的[20] 东西旋转着穿过剩余的气体，并被拉向原恒星，但并不是摧毁它们，相反，这些螺旋状的下降会帮助它们走得更远。

随着这些小的团块穿过浓缩的物质盘，它们汇聚起更多的物质，有很多在至少 1000 年的时间里增加了几百米。这是一个加速的过程，由引力、乱流和物质的随机推挤形成了增长，并产生了我们所知道的"微行星"天体。这些原始的天体可以在 1 万～ 100 万年的时间内增长到 160 ～ 800 千米大小，这取决于它们在哪儿度过它们的时间。也许看上去不像，但这是个相当快速的过程，从散乱的星云变成真正的类似行星的天体不过是一眨眼的工夫。

靠近正在形成的越来越热、越来越紧密的中心原恒星的地方，缺乏更多的不稳定的固体。冻水无法在这些温暖的区域保存，然而水分子在圆盘中形成了一层气体。但远在这大量扩散的物质之外的，是被定义为"雪线"[21] 的地方。在那里，温度很低，冻水变成价值巨大的重要部分，组成了越来越大的天体。大量的行星天体可以在这些区域形成——巨大的冰球利用它们有力的引力场捕获周边的星云气体，变成巨大的、像木星和土星一样的世界。

令人惊讶的是，这个大圆盘的环境同样有利于化学研究。原子和分子以一种令人困惑的方式组合在一起。事实上，远在这种星云物质发现它自身所处的环境之前，它就已经做了各种化学实验。水分子、一氧化碳、二氧化碳和超过 180 种的不同化合物已经在星际的黑暗之处被发现，它们全都是由原始原子和离子的基本化学反应形成的。

现在，围绕着一颗正在形成的恒星的密实循环物质中，发生了更多的化学反应。这些反应发生在气体、冰冻的固体和相对温暖良性的环境中，在尘埃颗粒的微小表面上。这些化合物混合在一起，在混乱的圆盘中循环再生，成为奇妙的化学物质 [22]，从单一分子到越来越复杂的化合物，比如醇类、糖，甚至氨基酸——生命的组成部分。

时钟继续向前。随着这一切的发生，由于环境辐射的不断刺激，圆盘同时被蒸发、膨化，回到星际空间，我们看到了在三叶星云中不断受到侵蚀的形状万千的被烧灼的云。一旦恒星和行星形成的过程开始，在环境辐射，包括中心的新恒星将一切东西清洁干净，并将事情推进到一个近似停止的时刻之前，时间是有限的。就像野花在太阳晒干它们的土壤和养分前，只有很短的时间生长、开花并留下种子和茎。

在这一切发生时，中心的恒星正在经历它自己的强烈阵痛。种子般大的物质跌落其中，自转加快，这颗小天体从它的两极喷射出大量的磁控制流物质。这排出了将近 10% 的内部物质，最关键的是，使得原恒星控制并减缓了它狂乱的自转，另外还阻止了它更加向内的凝聚压缩。

这颗小恒星的深处随着其挤压得更小而变得越来越热，接近持续的核聚变开始的临界点。首先结合的元素是氘和氢。这帮助稳定了原恒星的内部温度，使它保持在 100 万℃，压制了聚变的过程，直到它变得足够大，发生氢－氢聚变的全爆炸。

这是原恒星表面一处狂暴的位置。紫外光放射出来，炙热气体的火光喷射出来，使圆盘充满压缩气体、尘埃和会成为行星的物质。它就像一个巨大的溅射引擎[23]，准备好了喷射全部的蒸汽。不可思议的是，从浓缩的星云气体到一个崭新的充满力量的恒星形成，整个过程花费了不到 1 亿年的时间。更短暂的是，从云核到原恒星的阶段花费了仅仅 10 万年的时间。与最终的恒星寿命相比，这仅相当于整个人类生命中的 7 个小时[24]而已。

在太阳系这一情况中，在所有这些早期组合的某一点，发生了另外一个关键事件。它给我们留下了一些最重要的线索，暗示人类的起源是在这样的地方，也提供了一些线索，帮助我们将我们的星球和现在的状态融合在一起。

陨石，最古老的岩石

我们能够拿在手上的最古老的岩石，并不是我们的大陆或者地球上本土的——而是陨石。

这些地球外的物质有多种形式。许多是更大的天体的碎片：富含铁和镍矿的巨石曾处于小行星大小的天体中、未成熟的行星内部深处，之后粉碎分散到各处。这一物质经过重组、熔化和冷却，更类似于地球更深处的矿物形态，而不是原始虚空中的东西。

但还有其他的陨石与我们所熟悉的陆地岩石无法相比，它们是真正远古的、没有经过任何熟知的地球物理处理的。它们是人类所知的最原始、最基本的物质块。基本上自从约 45.7 亿年前，在正被压缩的原恒星环境中形成组合物起，它们就没再被碰触和改变过。

类似这样的远古遗骸，可以在全球范围内的某些地方被收集到。最出名的两个例子是阿连德（Allende）陨石和默奇森（Murchison）[25] 陨石。这两块陨石似乎单纯只是因为宇宙巧合，均在 1969 年撞上了地球。第一颗在那年的 2 月，落到了墨西哥北部的阿连德。它以超音速进入大气层，在 500 多平方千米的区域内留下总共几吨重的地外物质。第二颗在 9 月，一颗火球进入地球，穿过澳大利亚东部的默奇森小镇，留下 90 多千克重的远古物质。

这两颗陨石被称为碳质球粒陨石，它们是幽灵般的物体。地球上没有与它们相同的东西。在这些岩石中，有如此多的碳和烃，它们是相当油性的焦油状物质，带有复杂的分子，甚至包括几种氨基酸——产生生物化学的基础。当这些新鲜的陨石碎片被收集时，目击者报告称，他们闻到烟熏的芳香味，可能是因为部分化学物质蒸发到了空气中。

但这个黑色基质中是其他的结构：小矿石球陨石球粒。这些是熔化的岩石冷却凝固的残留物，它们曾在太空中仅几分钟或者几小时的时间内加热又迅速冷却而形成。之后，围绕在婴儿期太阳边的飘移和碰撞的物质将这些碎片和大量富含碳的微粒与尘埃聚集到一起，黏合成更大的固体。

还有另一种组成物——泛白的微粒，几乎只有几毫米大小，由几种矿物混合构成。这些结构含有丰富的钙元素和铝元素，让它们获得了钙铝包块即 CAIs 的称号。其独特的性质告诉我们，它们必然是在更热的条件下，在更靠近原太阳的地方形成的，在那里，它们能被加热到超过 1000℃。这些同样被熔化，四处飞溅并冷却凝固成小矿石的灰烬，只能被 40 多亿年后的我们收集。这些小东西包含了很多久远的过去的重要信息。

关于这些 CAIs 的第一个令人惊奇的事实就是，可以确定它们比地球本身还要历史悠久[26]。地质学家可以检测其元素含量，特别是铅和铀的混合，并确定一个相对精确的形成时间——距今 45.71 亿年前至 45.67 亿年前之间。

科学家也发现，CAIs 中含有一种出人意料的高含量的特殊的镁同位素[27]。地球上 80% 的镁元素原子核中都有 24 个质子和中子。但也有少数其他几种稳定的镁元素，其原子核中有 25 或 26 个质子。而在 CAIs 中，含有 26 个质子的镁同位素的比例比地球上的要大得多。那么问题来了，46 亿年前，发生了什么导致了这一切呢？

核物理学告诉我们，自然产生这样一种镁元素最合理的方式就是，通过一种被称为铝-26 的放射性铝同位素"衰减"——放射出多余的能量，蜕变成镁-26。这种衰减的半周期大概是 71 万年，我们也知道，铝-26 在恒星演化成超新星时会大量产生。将其两两结合，我们得出了下面的场景。

大概在 45.6 亿年前，就在 CAIs 将它们自己和我们的原行星系统放置在一起前，一颗巨大的恒星发生了爆炸[28]，并且距离足够近，以致将放射性铝-26 推挤到了地球的环境中。这一切可能就发生在离人类只有几光年远的地方。是的，随着我们的系统席卷银河系的各种物质，也许有其他的方式能产生这种放射性污染，但超新星的方式可能是最有效的。所以，这一陨石中的微小线索指出了一个动荡的前太阳环境，同样也提供了其他一些事情的自然解释。我们知道，当婴儿期行星和岩石相撞、挤压到一起时，这一剧烈的过程产生的能量会将它们加热。但穿过太阳系，从地球内部到曾是另一颗行星内部一部分的铁镍陨石，密实的岩石物质一遍又一遍地被熔化且保持着熔化的状态，远比一次简单的碰撞引起的熔化有效得多。

保持事物炎热的是什么呢？好吧，一种超新星在恰当时刻产生的放射性铝元素会提供足够的能量，以熔化任何巨大的岩石集。随着铝元素核衰变，它们放射出能量。如果将这些能量吸收进足够大的东西，温度会达到几千摄氏度——足以熔化所有已知的矿物。

这种热度是相当凶猛的。由于放射性铝的生命周期相对简短，我们可以认为，它对保持物体熔化做出的贡献在太阳系的早期比如今至少要多 5 倍。几乎可以肯定的是有其他部分的帮助——核混合的其他部分。

现在也有陨石证明，在早期的太阳系里还有放射性铁-60。这是附近的一颗超新星的另一种产物，在它的半衰期即大约 260 万年时会衰变为镍-60。事实上，陨石的材料中还发现了将近 20 种已经消失的放射性核素，表明有大量过程曾经使太阳系是一个放射性更强的场所。

很多这些同位素都与太阳系更加广泛的进化有关——稳定的元素混合将星际空间隔离出来，成为太阳系形式。但是其他的，例如不稳定的铝同位素、铁和钙、镁等，都是当地生产的手工制品。它们在星云团使之分离成密实的小核心物质之前的一个短暂的时期内形成——这一事件也是由同样的超新星爆炸触发的，并生成了这些炎热的核素。

通过超新星冲击波强行注入我们正在形成的系统，这些新合成的，几乎拥有百万年历史的放射性核（与良性元素一起）总质量大约占当今太阳质量的 0.01%。听上去可能不多，却是地球质量的 35 倍，它们喷射进形成原行星盘早期环境的物质中。

这些元素一起保证了任何直径大于 30 千米的岩石天体都会从内部熔化。最终，在经过大约 300 万年后，放射性同位素的热度逐渐降低，天体开始冷却，并从外向内开始重新结晶——有着大行星大小的天体冷却得最慢。因此，人类似乎站在一把真正冒烟的枪上——一颗行星的最基本的地球物理学是由大量放射性原料制定的，其邻近行星有着相同的环境设定。这与过去有着出乎意料的联系。

但是我们漫天的星辰，已经灰飞烟灭的同胞们遭遇了什么，并创造了太阳系放射性的历史呢？随着数十亿年流逝，类似三叶星云的这一切发生了什么呢？最早与我们紧密结合的恒星孕育之地及其规模巨大的超新星的所有直接证据都已消失。当然，可能在接下来的几百万、几十亿年里，这些恒星的姐妹们会简单地分散开来，沿着围绕星系的大型轨道飘移远去，并在永存的星系引力潮作用下被拖拽到不同的方向。但人类最初的家园也可能仍然存在，成为一个将我们遗留在此的大恒星集群。

天文学家已经在寻找这一恒星伊甸园[29]，在我们的银河系中寻找恒星群——身处其中的恒星接近太阳的基本组成和年龄。这是个艰巨的挑战。仅仅是指出哪些恒星可能与太阳拥有同样的起源，就都受限于恒星超远距离和具体运动的测量精度，以及通过筛选的天体的绝对数量。

一个候选者是梅西尔 67[30]，距离我们 2700 光年，具有恒星和恒星残骸，它包括超过 100 个近似太阳的恒星。但有一点需要注意：现代计算机对梅西尔 67 内的恒星运动仿真模拟[31]了一条预估路径，一条太阳从这一诞生地被抛出而不得不行进的路径——看上去并不太像。它要求梅西尔 67 内有至少 2 颗或 3 颗大质量恒星极其罕见地对齐，提供引力弹射座椅，将太阳扔到今天所在的位置。在这一弹射过程中，引力潮很可能会将我们尚未成熟的行星系统撕成几块。

然而，这一结论依赖于对银河系大悬臂行星恒星天体结构的猜想。如果这些在几十亿年的时光中比我们认为的要改变更多，那么很有可能梅西尔 67 让太阳以一种没那么戏剧性的、更有道理的方式来到了如今这个位置。

所以，仍然不能确定我们的太阳系是从哪里起源的，放射性同位素和其他星云发生的事件让我们相信，不管怎样，我们是被诞生出来的。这将带领我们到这一故事的剩下部分，即形成太阳系时发生了什么。

太阳系如何诞生，真正的起源

在原太阳（proto-Sun）周边环绕着的气体和尘埃大圆盘中，只需要几百万年的聚集、碰撞就能形成很多大型天体。在寒冷的地区，最终成为小行星带的轨道区域之外的地方，冻水是稳定的，这种额外的固体材料能和岩石组合起来，形成巨大的冰行星核。这些大球体比地球大 10 ~ 50 倍，它们的强引力吸引周围的气体形成巨大的大气层。

正如我前面提过的，木星就是这样一个天体，掩盖在令人惊讶的物质之下——大部分是远古的氢和氦，质量是地球的 300 多倍（见图 2-5）。这一物质的绝对质量使得行星内部处于巨大的压力之下。即使是氢气也变成了我们不熟悉的形态，像一块液态金属[32]盘。不论有没有放射性同位素的热度，一个早期的气态大行星都会因这样压缩的形式制造的热能而发出光

芒。即使是 45 亿年之后的今天，木星仍然放射出这样原始的热量——而它
的内核温度接近 2.8 万℃。

更靠近茁壮的太阳系内部（最终会成为从水星穿过金星到小行星带的轨
道区域），有着几十个被称为行星体（planetary embryos）的岩石天体，它
们是由微行星的碰撞融合形成的存活下来的冠军。

注：木星质量是地球质量
的 317 倍多，属于一个完
全不同的行星等级。

图 2-5　地球和木星比例图

每一个都只有地球质量的百分之几，每一个都将在接下来几千万年的时
间里经历一番危险的旅程。它们各自并没有增长很多，但偶然地，它们在强
烈撞击之下黏合在一起，重新熔化，重新形成矿物质。随着时间的流逝，有
一些行星体开始占据控制权，形成近日行星。

在最后的火星轨道之外，有很多行星体，但这片地带要制造行星相当困
难。木星和土星的引力扫过这片区域，使这些更小的天体加速，使它们的碰
撞更具破坏性而非建设性。受到引力的干扰，它们可以飞往新的轨道。一些

向内飞，找到进入近日世界的方法；另一些则扩散到系统的其他地方。

虽然还有一些细节尚不知晓，但我们知道，接下来几千万年发生了更多的事。行星经历了一定数量的轨道迁移（之后我们会详细介绍）以及偶尔与其他天体的大型碰撞。地球本身似乎在 45.3 亿年前与一个胚胎行星发生了剧烈的碰撞，导致月球的形成。

地球也在稍晚的时候经历了一些小行星的撞击。在这一爆炸性的冲击中，大量珍贵的、我们称之为水的物质沉淀到年轻的地球表面，此时地表勉强冷却到能够容纳这一易挥发的化合物的温度。接着，很多丰富的化学混合物组成了地球的外表层，它们经常会被回收到熔化的内部上层一些的位置，但在地球表面、大洋和大气层的化学机制运动设定中同样重要。

另一些行星却不一样。金星似乎保留了早期的岩石材料的外层。与地球不同，这样的地层不会由于卫星碰撞而脱落。一些理论研究也表明，金星是由两个巨大的行星体迎头相撞形成的——这一过程可以解释清楚它自东向西的自转，以及为什么完成一圈自转的时间比绕太阳公转一圈的时间还要长。

火星要比地球小得多，大约是现在地球质量的 1/10。火星的大部分组成也与地球不同，更多比例的挥发性元素以它们的方式进入火星岩石中。但它也经历了与行星体的大量碰撞。这是造成火星奇特的地理形态的一个可能的原因——令人震惊的南北差异，北边是薄薄的行星壳和光滑的平原，而南半球大部分是更厚的地壳和岩石高地。

有趣的是，火星和金星可能在 40 亿年前的早期也拥有更加温和的、类似地球的气候[33]。但这些时日都早已消逝，金星代之以厚重的、富含二氧化碳的大气层，高表面压力，并导致超过 400℃ 的酷热温度；而火星代之以二氧化碳为主的稀薄干燥的大气层。在火星表面，稀薄的空气几乎只有地球大气压的 0.6%，温度随季节和位置不同，从零下 129℃ 到 21℃ 不等。但是，火星是最有希望成为另一颗有适合生命产生的环境的行星，有清晰的证据表明，曾有液态水在其表面流过并累积，但火星的矿物和化学状态与地球上大部分位置都不同。

这些行星的大气都是易变和易泄漏的物质。引力能将大气层锁定，正如地球的大气层像一层薄薄的毯子包裹着我们。但气体的原子或分子持续不断地运动，温度越高，这些组成大气层的粒子平均运动速度就越快。最外层的可以达到逃逸速度，从而逃离到太空去[34]。这些逃离出去的粒子往往是最轻的组成部分，因为这一原因，地球早已失去了它曾经拥有的由氢或氦组成的大气。今天，如果大气层中的水分子由于紫外光或粒子辐射而分解，氢原子就会上升，并脱离地球的掌控。

地球磁场限制了这一损失，保护我们的上层大气远离凶猛的恒星辐射。这是件好事，因为每失去一个氢原子，就意味着失去一个氢原子曾经所在的水分子。一颗行星就会这样逐渐干枯，也许就是这种机制使火星从一个原本潮湿温暖的地方变成了现在这样干涸的环境。

地球也不是它一开始的样子。其表面环境经过亿万年的进化，温度和化学物质发生了演化，变了很多。最远古的矿石——锆石晶体提供的证据表明，液态水几乎总是存在于行星表面或靠近行星表面的某个地方。关键是，在地球形成之初的 15 亿年里，大气层里几乎没有活性元素氧。

之后发生了变化，并且这一变化是由这颗行星上一个相当意想不到的现象——生命产生的。大约 25 亿年前，如单细胞蓝藻类的生物在生态系统中占了上风，并开始繁殖。它们的代谢工具产生了大量的氧气，增加的浓度在接下来几十亿年的时间里改变了这颗行星。

其他的特征也变了。过去地球的温度比今天的温度平均要高几摄氏度。但似乎偶然暴跌到一定水平，几乎把行星包裹在冰里[35]。也有一些深层的化学和地球物理的循环，倾向于推动我们的气候朝一个被认为是不容易的平衡状态发展——在表面上保持液态水，作为大气的一部分来调整热量的损失。

深入探访这扑朔迷离的行星机制网络，其影响因素就在于生命。在任何时间，都有无数的生命——诞生死亡，进食腐烂，持续不断地改造着世界。但对宇宙而言，这些全都是如此可怜的小细节，一般来说，它们对行星特性的改变微不足道，非常像是长期暴露的化石所经历的风化作用。确实，对于人类存在于此，这一更大的画面相比于我们通常狭隘的人生观，给予了一个相当不同的观点。

银河系观察者视角

更大的优势是，这是我们需要的关键部分之一。为了梳理复杂的哥白尼平凡论和它的反对观点，并且开始构想"我们的宇宙存在的意义是什么"这一问题的答案，让我们想象一下，我们是银河系的外部观察者。用这样一个无所不能的方式，我们能够看到这个复杂的、有超过 2000 亿颗恒星、大量气体、尘埃和暗物质的集合，而它并不是在几个世纪或者几千年内，而是在几十亿年的时间里发生了演化。我们也对普通的恒星天体有着不寻常的兴趣，其中之一就是太阳。

当我们第一次碰到它时，这个孤独的怪物刚刚用氢核聚变的烈火点着了它的中心核。来自熔炉的能量以两种主要形式迸发出来。一种是持续的潮水般的亚原子粒子，被称为中微子。这些鬼魅的小东西几乎不会和其他任何东西发生反应，甚至连致密的太阳对它们而言都是透明的，它们能够穿过去，并以接近光速的速度逃向宇宙。另一种聚变能量的组成部分是大量的质子，漫射着穿过约 64 万千米的太阳等离子体，最终进入太空，成为一束含有可见光、紫外光和红外光的光线。

这一丰富的辐射加热了围绕着太阳的行星、小行星、彗星、尘埃和气体。在那些更靠近太阳的世界中，它控制了表面环境，将能量释放到循环的大气层中，甚至是这第三颗行星上的液态水中。但随着我们继续追踪这颗小恒星，它慢慢地变了。在它最初的 40 亿年里，它的亮度增强了 30%，加强了第三颗行星上生命物种的种类扩张。在大约 100 亿年后，它的亮度大约是它年轻时期的 2 倍。带着些微的遗憾，我们可以认出其年龄的痕迹和最终走向死亡的不可避免的过程。

与宇宙中很多其他现象不同，像太阳这样的恒星会随着它们的成长变得越来越明亮——至少一段时期内是这样。氢原子核的单个质子在恒星核中融合在一起，形成了氦核，因此改变了恒星的基本组成，使它富集了更重的元素。最终内部变得越来越紧密和炽热，氢元素消耗的速率也逐渐增加（想象篝火燃烧不断增强热量和亮度，随后火堆缓慢地崩塌）。

对这颗围绕着太阳的湿润的行星来说，这有着深远的影响：在 60 亿年的时间里，不断增强的亮度将其表面气候推到了一个极端，不能再惬意地维持液态水海洋。但在 100 亿年时，这是这个世界和它当时的邻居最小的问题。因为当太阳消耗掉它内核中的最后一滴氢后，便开始了艰难而痛苦地成为死恒星的转变。

在遥远的未来，经过一段大约持续 10 亿年的时期后，我们的恒星变得越来越膨胀、越来越紊乱。它的外层区域断断续续地膨胀，最终成长得如此之大，吞噬了最邻近的世界，几乎到了这颗之前湿润的行星的轨道，像一颗若隐若现的红色等离子球。与此同时，这颗曾经的原始恒星释放出大量物质，将气体和快速凝结的尘埃吹到星际太空中。它最终可能会损失其本身质量的一半。这一损失深刻地改变了它周边行星的重力动力学，它们的轨道也由扩张做出了调整——遵循的规律早在 50 亿年前出现，后来被一位名叫艾萨克·牛顿的人推导了出来。

推动太阳这些戏剧性的外部变化的，是一些内部重组和相关过程。一旦中心的氢开始耗尽，恒星核就开始收缩，温度升高。它只留下薄薄的、正在聚变的氢在其外围，有点像即将燃尽的摇曳火光的外层边缘。最终，这个不断收缩的核变得足够热，点燃了氦聚变。这一过程需要 1 亿℃的高温，比氢聚变需要的温度高 10 倍。接下来的反应也不太有效，但它使氦元素变成了两种新的元素——碳和氧。接下来的 1 亿年，这颗不断压缩的恒星核和它的能量流导致恒星的外部扩散得更远，直到氦元素也耗尽。

这对太阳这颗孤单的恒星来说是关键的时刻。经过大概 120 亿年的时间后，只有不到 60 条轨道围绕着银河系，它已经耗尽了所有它能消耗的东西。它质量不够，无法将中心温度升高到足以发生碳核聚变的地步，所以不再有新的能源——食品柜里没有留下任何吃的了。

在短期内，恒星引擎暂停，它的耀斑能量开始膨胀并推开最后残余的外层，将它们吹向星际太空，创造出一片直径几十光年的美丽的星云。最终只留下太阳的内核，基本上暴露在外。它是由碳和氧组成的，由亚微观量子性质产生的陌生而又基本的力支持其本身的重量——物质的双重波粒行为抵抗重力的压缩。

我们将这一奇异的天体称为白矮星。它没有能源，只是一团炽热的灰烬，需要万亿年的时间冷却。这种情况下，构成白矮星的原子会将它们自己排进晶格——一个规律的矩阵中。它结晶了。太阳遥远的未来就是以一颗巨大的黑色碳氧宝石的身份结束一生。

凝视着这一点，我们可以看到部分行星逃过一劫[36]。事实上，曾经在太阳系排名第三的世界在恒星死亡的剧烈挣扎中九死一生，避免了毁灭。由于太阳已经丢失了它最初质量的 40%，地球现在的轨道比它当初的轨道远离系统中心 2 倍的距离。寒冷而又贫瘠，这个世界没完没了而又无可奈何地绕着逐渐暗下来的白矮星旋转着，这是它母亲最终剩下的。

这一段，恒星 100 亿年的旅程结束了。但我们没有时间长吁短叹，因为已经有像它一样的新事物等着我们去挑选。当我们看着自己最喜欢的恒星闪耀在头顶时，一个有 100 亿年历史的太阳已经在银河系里诞生了。

思索人类在宇宙中的位置

太阳系的诞生是一阵物理和化学反应，大部分发生在几乎不超过几千万年的时间里。之后，几十亿年过去，单一的恒星走完了它的一生，成了一块相对良性的化石的状态。但从人类的角度看，这是永恒的，但其实它充满了复杂的反应。

在人类出现之前，生命存在了几十亿年，在最短的一瞬间，我们从天体物理、地球物理和分子进化的网络中站了出来。在那一瞬间，我试图站在智利的山顶上，沉思我在宇宙中的位置。在我面前，这些起伏、褶皱和景致正是地球熔化的地球物理学的直接结果——它们更深层的起源是在早已丢失的无法想象的远古恒星诞生地中，巨大的恒星制造的放射性元素。

这是一条错综复杂的、通向并超越这一短暂时刻的小路。即使隐藏在其下的规律是简单的，穿过宇宙直抵你我的路径也布满荆棘。这很重要，因为学习我们在宇宙中是否有意义的潜在方式之一就是，问问有多少条路能够产生像人类这样的生命，或者就此而言，所有的生命。为了绘制这幅图，我们的下一步就是看看其他行星的故事——这个星系中围绕着其他太阳的其他世界，或者在星系之外的那些。它们将要给我们讲的故事十分令人惊奇。

03

比邻而居

在探寻理解我们在宇宙中的位置的路上，很少有什么能像地外行星一样吸引我们的注意力。

　　在探寻理解人类在宇宙中的位置的路上，很少有什么能像地外行星一样吸引我们的注意力——我们期待已久的宇宙绿洲可能就在那里。这当然是有理由的。很明显，如果没有其他的行星，特别是其他的地球的话，我们的世界观就会大大改变。一些世界四散在遥远的、难以到达的角落，可能会使寻找生命这件事变得不可能。

　　有关其他世界（不只是"我们这里"）的想法不只扎根于科学。正如我们所见，它隐藏在不同的哲学思想中心，一次又一次地在人类艺术与文化中浮现。

　　有个很好的例子来自久远的过去，那就是童话故事《一千零一夜》[1]。这些机智的故事，是在 1100 多年前根据一代代故事和传说收集编写的，至今仍然是非常好的趣味读本。

　　我最喜欢的故事之一是一个叫布鲁奇亚（Bulukiya）的年轻苏丹人的冒险故事，他为了寻找永生的药草踏上征途。这一任务带领他到达了一个满是离奇怪异事物的地方，从树上长出来的累累头颅和鸟群，到层层深渊的地狱。

在这段旅程当中，布鲁奇亚也遇到了一位天使，并对现状有了快速的了解。这位天使告诉他，地球之外还有至少 40 个世界，每一个都比地球大40 倍，每一个外星生物的家园都比他最疯狂的想象还要疯狂。这是一个非常有趣的幻想，也使下面的观点相当清晰：人类当中有创意的说书人，早已想象出很多其他的世界。这些世界如此奇异，令平凡的人类叹为观止。

那些在我们之下、之上以及远在我们一般存在之外的会是什么——从C.S. 刘易斯（C. S. Lewis）寓言中的纳尼亚（Narnia）[2] 到星球大战的繁华世界，都是人类想象力的源泉。然而有时候，我们会失去最有灵感的创造力，直到自然将之再次带回我们的生命中，并使我们大吃一惊。我们最近发现，人类自身正处于这样的情况下——并不是好奇天使或者追求长生不老，而是惊讶于在太阳系之外的行星。

令人惊奇的并不只是其他世界的存在，还有它们拥有挑战人类想象力的性质——使我们从平凡的思想中得到提升。正如接下来我向你展示的，这一事实将揭示我们探索旅程中最伟大的一条线索，人类的意义这一难题的关键部分。而它的影响力并不简单，因为一方面，这些发现将会显著支持哥白尼的观点（我们是普通的，不是中心的）；另一方面，它提供了部分最好的证据，表明关于地球的环境，确实有些不一般的东西——或许甚至是特别的。

行星又小又暗淡

找到围绕其他恒星的行星 [3] 是非常困难的。没法来描述这一切。原因非常简单：行星又小又暗淡，而恒星巨大又明亮。而且以横跨星际的距离看过去时，恒星和它的行星们挨得相当近——这是一个问题，因为光的特性，即使是一个结构完美的望远镜，其成像也会变得模糊。在这些系统中，耀眼的恒星光淹没了微弱的行星光。

当然，我们当中大部分人都见过满月的强光，甚至注意过金星和木星一类行星的亮点。这些我们知道的行星似乎并不害羞。但这种本土的经验非常误导人。

巨大的行星比如木星，会反射太阳光，也会从它深深的温暖的内部放射出微弱的红外光。但即使全算在一起，这颗太阳系中最亮的行星放射出的最大电磁能也只是太阳放射出的数十亿分之一。像地球这样的一颗行星会更温暖，但比木星小得多，就等同于一个惨淡的哑炮。虽然我们认为月球很明亮，但这基本上只是错觉。月球实际上只反射了照射到它表面的太阳光的10%——大约和一大块煤炭一样。它看上去很明亮，只是因为它离地球很近，而且太阳光在我们这个地方仍然很强烈。

如果从几光年之外的地方观测太阳系，类似木星和地球的行星将会从视野中消失，被模糊的太阳光淹没——像是在明亮的照相机闪光旁边的几粒黑色灰尘。为了看到这些世界，我们需要巨型望远镜和一些机智的光学小花招——技术就在此时浮现出来。但也有其他的方式能够透过耀眼的恒星系统的斗篷，试图感知行星的存在。

我之前提到过的一个方法，需要回溯到牛顿。牛顿指出恒星围绕着系统的质量中心或者平衡点旋转。没有行星存在，中心就是恒星的中心，相反，系统中如果有行星，它们的引力会使中心发生偏移。这个位置本身通常不是稳定不变的，因为随着行星围绕轨道运行到不同地方，支点肯定也会移动。

换句话说，如果存在行星，恒星会摇摆，而这样的摇摆会随着时间发生变化。由于恒星在天空中很小幅度的前后移动，你可能能够直接找到它；或者运气稍微好一点，通过使用多普勒效应 [4] 找到它：随着恒星向我们远离或靠近，频率、颜色或者光线发生变化，而指出其所在。

这仍然是相当复杂的测量。像地球这样的行星引起的太阳的运动只有几厘米多一点，而这一运动只会在一年的周期里显示出它明显的周期性。木星可能是个更好的目标。它可以使太阳移动大概 36 米，但这一移动可能会横跨木星轨道的 10 年时间。你仍然需要非常耐心并坚持观测，以找到它。

假使这还不够，恒星的表面也是个非常动荡的地方，炙热明亮的气体上下翻涌。这些小范围的运动，可以轻而易举地超过行星引力引发的更稳定的集体运动，给我们看到的恒星光增加了混乱和复杂的信号。

这一探索并不适合那些胆小鬼。由强大的望远镜捕捉到的恒星光必须被分成数千个其组成部分的频率，就像是玻璃棱镜形成的彩虹。天文学家必须提取出这些脆弱的、特定光谱特征的电子作为标尺，这些电子在恒星的原子里来回跳动。这些标志物需要被精确地测量、监测，并被仔细转换成一个 1000 亿亿亿吨的物体的估算速度，这可能比人走路的速度还要慢。

还有其他找到行星的方式，通常都非常困难，因为它们都依赖于个人技巧和意外发现。有时行星系统是定向的，所以在地球上，我们能够看到行星遮蔽了母星 [5]，挡住了那一小部分投射向我们的 1% 的恒星光。注意到这一点，在下一周期再次注意到这一点，再一次，你就会有一些关于这些黑点的存在，甚至是它们大小的线索了。

更少见且更难解释的是恒星和行星的一种特征，它们由于引力场作用扭曲自身身边的空间和时间，使经过的光线路径发生了弯曲——宇宙相对论性质的结果。当来自遥远恒星的光线恰好经过一个挡在中间的恒星系统时，就好像在太空中竖起了一块镜片。光线被简单地放大，如闪光一般，并在恒星的旋转运动改变了事物直线排列的状态之前，发出几天的光芒。单个恒星就能制造这样的引力镜片[6]，但如果增加几颗围绕恒星的行星，闪光的特性会被改变，揭示出那些世界的一些事情，例如它们的轨道和质量。

所有这些方法的困难和试图找到围绕其他恒星的行星的长久历史，都充满了失败的和未经证实的声明。然而，20 世纪后半叶，这些天文技巧取得的进展达到了一定高度，一些大胆的、坚持不懈的[7]科学家认为他们在探测围绕其他恒星的小黑点世界时的确有所发现。那就是，即使它们存在——似乎有可能，也仍然被喋喋不休的怀疑所包围的一些事。

有趣的是，大部分科学家认为，如果他们找到了什么，那才真的是相当愚蠢的事。他们本质上想象的是人类所在太阳系的替代品，熟悉的行星在熟悉的结构中。虽然同时代的科幻作家们眼界更为开阔，创造了像是《天方夜谭》里的那些故事，有着更加惊人的夸张的猜想，但那并不是研究员们明确寻找的世界。没有一个天文学家想象的假想行星和轨道是特别的——它们都是我们自己目前环境的近似复制。

某种程度上，这是值得尊敬的科学保守主义，使其他观念走投无路。它也是哥白尼定律的附属品，短期地误导了我们。如果人类不是中心的或特别的，那么可以相信其他生命应该同我们类似。如果地球只是一个普通的行星系统，绕着一颗普通的恒星运动，我们会期待其他的行星系统和地球类似。

这意味着在 20 世纪晚期，我们实际上在寻找类似木星和土星的行星。

这些会是巨大的世界，有着大型的、缓慢的轨道，在它们的母星运动中制造出非常缓慢但可以被检测出的舞蹈。找到其他类似地球大小的行星仍然超出这些早期试验的灵敏度，然而毫无疑问，这些更小的世界隐藏在每个人的思想背后，是我们的终极目标。

太阳系也是行星形成理论的唯一模板。科学家们关于行星由星际太空中的气体和尘埃形成的想法，已经在几个世纪里发生了改变。但是到了 20 世纪后半叶，在这一机制上有了基本共识。正如我所描述过的，行星为何能由一大盘围绕着不断压缩和聚集的创造恒星的核物质的气体和尘埃形成，这有非常有力的物理原因支持。太阳系有着非常特殊的排列，更小的、富含岩石的行星形成得离太阳更近，更大的、富含气体和冰的世界形成得更远一些。这一排列在过去和现在都是世界如何形成的想法的典范。

人们很难想象盒子之外的事。甚至还有一条在数值上有吸引力的经验法则，被称为提丢斯－波得定律（Titius-Bode law，简称波得定律）[8]。该定律于 18 世纪提出，当时的天文学家们困惑于太阳系的排列。这条定律预测了行星到太阳的距离，并且仅使用了一个简单的代数序列，一连串的数字。特别的是，这组序列是 0，3，6，12，24，48，96，192——3 以后的每一个数字都是前一个数的 2 倍。这一神奇的公式给每个数加上了 4，接着除以10，就得到了每一个行星到太阳的平均距离，单位是天文单位，1 天文单位约等于地球到太阳的距离。公式算出的位置并不精确，但非常接近。这个模式确实暗示了有更深层的规律在发挥作用，行星形成和排列的方式可能是宇宙性的。

随着时间的推移，科学家们意识到，波得定律充其量只是自然现象的趋势盲目地跟随数学形式而已。这些函数被称为幂定律或指数曲线。最糟糕的是，这个模式只是纯粹的巧合。它适用于太阳系，但在其他地方并不是必然的。这样的想法有着强大的吸引力，尽管当时的推理还不明显，但这样一个定律的出现显然让科学家们普遍感觉，所有的行星系统都该和地球类似。

现在回头看这一点，我有一点震惊。好像人类这个物种因为哥白尼定律被接受而遭受了巨大打击，以至于什么都不能做，只能低垂着头踽踽独行。在正确地将地球从万物中心的位置移开之后，大部分天文学家将这种平均性视为新的福音。很难允许这样的可能发生：这些"普通的"环境只不过是一个例子，诞生于无数配置和途径下。

因此，我们可以说这是一种宇宙正义的行为，这就是第一条无可辩驳的证据，证明了太阳系外的世界就是如此诞生的：在事物如此不同的形式下，很明显，我们试图使自己搞不清什么是可能的。结果，行星可能是最后的不遵从主流思想的事物了。

欢迎来到地外行星联盟

从波多黎各加勒比岛屿北海岸向内 16 千米，是一片茂密狭长的远古丛林。很多蓬勃生长的植物和动物生活在多孔的可溶性的石灰岩上，在某些地方，几千年的湿气已经侵蚀了岩石，形成了巨大的天坑和凹陷的土地。通常这是些草木茂盛的地方，在苍山之间满是湿润的肥沃土壤——除了一个地方。

这里，在一个直径约 300 米的"大碗"之内，没有树木和林下植物，取而代之的，是超过 38 000 个紧密贴合的筛状铝板覆盖在大地上——就好像一块金属密封箱被小心地放置于此，隔绝了潮湿的大地。距离这个银光闪闪的表面之上 150 多米的地方，有一个同样巨大的框架。在这个大碗的外围，三座塔与横跨中心的粗重的钢索连在一起。在中心点，复杂的网状电缆和钢梁维持着膨胀型结构，由错综复杂的三角盘镶嵌组合形成，这是外星无线电波监听站的重要部分。

这是超现代技术的庞然大物，是一件了不起的事物，用来寻找遥远的天堂一角，或者用来发现是什么如此宁静。它的名字是阿雷西博天文台（Arecibo Observatory）[9]，当它静静地待在树丛之中时，它的存在或它的任务丝毫不会被掩饰。

1990 年 2 月，这个巨大的望远镜正在监听太阳系中来自遥远地方的微弱的电磁辐射——距离我们大约 19 312 万亿千米，以光速行进需要 2000 年。

这些电磁场反射到阿雷西博天文台的铝板上，汇聚到悬在空中的灵敏的监测器上。经过长途星际旅程，信号减弱，辐射来源于凶猛自转的恒星内部残留物——这颗恒星早已在 8 亿年前死亡。

这个天体是一颗中子星，是由叫作中子的核粒子和少数质子、一些电子一起构成的。这是由比太阳要大一些的恒星在明亮地燃烧、直到其核心的核反应不再继续之后留下的。当其内部能量消耗殆尽时，在其自身重力作用下，中心发生坍缩。这是一场制造了巨大的超新星爆炸的浩劫，将恒星的外边缘喷射到太空中，留下这颗十分吓人的球体。

和人类在地球上见过的任何物质都不同，中子星的物质非常紧密地压缩在一起——没有原子或分子，实际上只是一个巨大的核球由引力黏合在一起。一颗中子星的质量是太阳质量的 2 倍，直径却只有 19 千米。在它表面附近，重力加速度如此之大，仅仅约 1 米的下落就会使你以 1609 千米 / 秒的速度狠狠地撞上去。

中子星也会以相当快的速度自转。由于它们是由不可控的恒星内部的坍缩而形成的，有多种方式可以使它们产生自转，部分中子星以毫秒为单位发生自转。通常中子星也非常炙热，大约有 100 万℃，充满能量：磁场和带电的质子、电子从表面凸出并流转。如此，带有这样性质的中子星创造出宇宙所有现象中最超现实的一种——脉冲星。

脉冲星向太空发射出电磁辐射，像一座永不熄灭的灯塔。强烈的潮水般的能源带着向外冲的质子，以螺旋状穿过星系。随着中子星的自转，这一辐射会在几分之一秒内扫过几万光年。

这样一个密度巨大的天体引起了强烈的惯性。所以，它像一个巨大的飞轮，可以用亿万年的时光来消耗这些能量，直至速度降低。最终，它的自转速度趋于稳定。事实上，快速自转的脉冲星的无线电信标可以保持相当精准的计时，相当于地球上的原子钟。

所以当 1990 年无线电信号到达阿雷西博时，人们惊奇地发现它包含着中子星每秒自转 167 次的计数。另外，当时人们无法解释辐射脉冲计时的神秘小变化。大自然的时钟之一看上去有点古怪。

在接下来的两年里，天文台重复监测到了这个天体。随着对这些数据的研究，天文学家们发现，这一奇怪的信号变化在几个月的时间里一再重复着相同的图形。唯一讲得通的可能就是，有什么东西在牵扯着这颗脉冲星，迫使它在其自身的小型轨道上运动，这一轨道围绕着系统的非中心的重力平衡点。然而这个平衡点并不是只由一个附近的天体引起的，而是几个，并且它们都不大——只有行星大小。

1992 年 1 月，天文学家亚历山大·沃尔兹森（Aleksander Wolszczan）和戴尔·弗雷（Dale Frail）[10] 在《自然》（*Nature*）杂志上公布了他们的发现。他们做到了很多人曾经试图做的事。他们发现了相当有力的证据，在这颗遥远的脉冲星传来的数据中找到了第一个地外行星系统——在我们的星系中第一个已知的其他世界。

今天，随着对这一系统的更多观测，我们知道围绕该脉冲星至少有三颗行星大小的天体（见图 3-1）[11]。其中的两颗大概是地球质量的 4 倍，分别在离脉冲星 547 万千米和 692 万千米的轨道上运行，甚至比水星到太阳的平均距离还近。第三颗很小，几乎只有地球质量的 2%，相当于月球的质量。这颗身材矮小的行星占据着比另外两颗行星更靠里的轨道。

图 3-1　一位艺术家对围绕脉冲星 PSR B1257 +12 旋转的行星的印象（NASA/JPL-Caltech/ R.Hurt【SSC】）

像这样的事实和数据几乎无法描绘出有用的景象，所以让我换一种说法。这个系统如此奇怪，和我们的系统如此彻底地不同，它立刻混淆了我们以为自己知道的任何理智的推测。

这里的行星没有正常的恒星。取而代之，它们所拥有的只是有毒的残留物之一，一个令人生畏的"母亲"，而它们紧紧拥抱着这位母亲，在轨道上翩翩起舞。自转的脉冲星放射出恶劣的破坏性的辐射，并用冷酷的光线加热行星表面。那颗曾是它祖先的恒星在 10 亿年前就已死去，它在巨大的超新星爆炸中就是这样做的，抹杀了任何曾经可能存在于它周围的世界。我们看到的这些奇怪的行星是令人毛骨悚然的残骸，这些残骸曾经是那个时代尘埃破坏又重组的碎屑，在引力的束缚下凝固，汇聚到一起，打造了这些回收再利用的球体，嘲笑着这些永远不会沐浴于正常太阳光下的世界。

没有什么能为我们准备这些。我们第一次目睹了其他的行星天体，揭露了来自天体物理学地下世界的一个系统。当然，它也有力地证明了太阳系外存在着像行星一样的天体。这个地方恰恰削弱了我们对下一个惊喜的期待。

3 年后的 1995 年，天文学家宣布发现了第一颗稳步环绕正常的、类似太阳的恒星[12]旋转的行星，在距离我们 50 光年远的星系中。这是科学史上另一个重要的时刻：最终我们证实了，其他的恒星也能像太阳一样捕获行星——我们从未怀疑过这一点，但以前从未证实过。

类似那颗脉冲星的世界，这颗新的行星是通过它对自己所环绕的母星的引力影响发现的，这一影响迫使恒星在围绕这些天体之间的平衡点的小型轨道上运动。这与牛顿在 400 年前描述的恒星和行星运动一致。这种恒星的运动能够通过光线的移动频率而被发现。但有蹊跷。

这颗新发现的行星完整走完一圈，所需的时间只要 4 个地球日。事实上，它离自己的恒星只有 800 万千米，比水星到太阳最近的距离（安全距离 4500 万千米）还要近。不只如此，这颗行星的质量几乎是地球质量的 150 多倍，但它却没有变成满是热岩的小矮子。

可以说在近 2 000 年的关于这一物质有记录的思想中，没有科学家或自然哲学家花费很多时间来考虑像这样的一个系统存在的可能性。确实，行星形成的理论得出的结论使我们有理由相信，不可能有巨大的行星离它的母星这么近。这样一个大的世界只可能在系统更远的外围形成，在那里，轨道动力学和更低的温度组合会孕育这样一颗行星。

只有少数科学家曾经考虑过行星可能在意想不到的地方结束一生，比如天文物理学家彼得·戈德赖希（Peter Goldreich）和斯科特·特里梅因（Scott Tremaine）[13]，他们在 15 年前学习了行星是如何向内"迁移"穿过原行星盘的。所以，虽然这一发现是坚持进行这些艰难测量的天文学家的一次胜利，但它仍然疑点重重。

自这些行星的初次发现后，惊喜持续不断。我们发现多种地外行星明显不符合我们对行星系统的认知，这令人十分惊讶。我们可能曾经猜想过这些世界会有点不同，和我们的世界不完全一样，但我们不曾、也无法想象它们有多么不一样。它们使宇宙充满了可能性，为地球在宇宙中的意义的核心问题带来了崭新的光芒。这令人眼花缭乱的就是我们对究竟什么是比较行星学的介绍——种类的分类分级和它们如此分类的依据研究。

那么，让我欢迎你来到这个非凡的世界联盟。这不是任何意义上的独家俱乐部，因为几乎在任何你能看到的地方，你都会找到它的成员，而它则影响了我们狭隘的宇宙观。

接下来的很多研究都建立在已知的推论基础上，我们已经开始测试、区分这些推测，利用望远镜的观测结果和巧妙的技术来梳理信号，这些信号揭露了行星的大小、温度甚至组成。让我们进来看看这个俱乐部，看看其中精巧的家具和奢华住客的华丽外表。

在壁炉的角落里，巨大的行星在离它们的母星相当近的轨道上运行着。这都是那些首次被发现的、围绕着正常恒星旋转的地外行星代表。现在，它们已经有了一个非正式的名字：热木星（hot Jupiters）。

它们不应该在它们所在的位置，但我们无法否认它们的存在。可能其中一部分迁移到了我们发现它们时的位置，推拉反抗那些在形成行星系统时曾围绕着它们的大盘物质，挤出了一条路，来到了前方。或者，可能因为离其他世界的重力影响稍微近了一点，就被丢到了这些地方，面对着它们的太阳的灼热怒火，表演着拙劣的舞步。

部分这类行星离太阳太近，在几乎不到 24 个地球时 [14] 里就完成了一次完整的公转，面对太阳的那一面被加热到超过 1000℃。潮汐力紧紧地牵扯住它们，它们不再有正常的白天黑夜。它们被永远地"锁定"了，因此白天的那一面总是白天，而黑夜的那一面永远是黑暗的、冷冰冰的，面向着寒冷的太空。

这种奇怪的状态使这些行星的气候变得有些恐怖 [15]。白天那面的炙热驱使着大气流向黑夜的那面，以超音速围绕着整周行星——形成了巨大的喷射流，来自碰撞的冲击波制造的大气。在气体之下的表面没有山川或大陆，它只是不停地自己追着自己。

这些世界的高温生成了各式各样的化学和大气结构[16]，我们几乎无法从我们的太阳系中辨识出它们。一氧化碳、氧化钒和钛氧化物在这里被找到，影响了这些行星的外层和结构。云不是由水或氨形成的，而是硅和铁这些重原子的炙热集群；不是夏日中想象的毛茸茸的动物，更像是在阴间度日的噩梦。

这些热木星也没有让它们的恒星"好过"。它们的引力会引起恒星本身大气内的潮汐和波浪，强大的磁场可能直接与来自恒星本身的那些放射物发生交互。不再受到外围环境的保护，恒星会被其行星影响，而且影响程度比另一种方式大得多。由于大部分热木星像一只坚持不懈的昆虫一样团团转，恒星大气只能散发出零星的、能够持续一段时间的光亮。

恐怕你会认为这些行星是一群沾沾自喜的巨人，坐在靠近熊熊燃烧的炉火边的椅子上，考虑着其中一些注定灭亡。它们停留的时间够久了。引力潮会逐步侵蚀这些行星的轨道，使它们在几千万年的时间里螺旋式地向内运动。经过一段时间之后，它们或者俯冲跌进恒星表面，或者被潮汐力撕碎，变成"短命"的环状残骸围绕着恒星。

一部分这样的世界因为一些更加荒谬的原因，将自取灭亡的命运加诸自己身上。虽然太阳系中的所有行星都有着和太阳自转方向相同的轨道（顺时针方向，如果你喜欢这样说的话），但差不多每5个热木星当中就有1个是相反的。这些叛徒的公转轨道与它们自身的母星自转方向相反[17]，是逆行的运动。这使它们处于相当危险的境况，它们的轨道将不可避免地被侵蚀，直至它们面临悲惨的命运，螺旋着走向死亡。

这种不幸的轨道方向使人摸不着头脑。就我们所知，形成恒星和行星的第一阶段使它们的自转和轨道运行方向是一样的。任何其他的情况都会加速毁灭，如果行星试图抵抗原行星盘，这样的行星就不可能形成。所以这些逆行的地外行星天体是从哪儿来的？

联盟当中有如此多的成员，我们只是不知道而已。但可能这些行星形成的位置距离母星很远，是正确的"顺行"运动，被重力作用扔进了非圆形的、椭圆的轨道，与其他的行星挤在了一起。这些轨道最终指向正确的系统平面，在这里，它们会突然翻转变成逆行，就像一个自转的圈落在了一面或另一面的上面。最终引力潮汐力迫使恒星影响它们的轨道，将它们拖近，出现在我们发现这些行星的地方。

这些不同的生命体验留给热木星一系列相当有趣的特性。一部分变得格外肿胀，直径膨胀到超出预期，导致它们的密度变得非常低。有一些这种行星平均密度比水还小。其他的由于近似恒星能量源和它们形成的历史，经历了一系列化学和结构变化。

最显著的是它们的外表，它们大气层的上层。在这些激烈的环境里，占主要部分的组合物与温凉的、一缕缕的结晶氨和甲烷相比几乎认不出来，我们可能会在木星或土星上找到这些。在最极端的例子里，温度足够高时，甚至铁原子也能扮演水一样的角色，形成铁循环，高高地飘在空中的铁云冷凝落下重金属雨。

部分热木星的大气富含碳，提供了一条线索，表明它们更深的内部可能也充满了碳，达到了一个令我们陌生的程度。这些巨大的行星可能在它们的核内形成巨大的钻石层，而它们也暗示着这样的可能：其他的大小适当的、碳比硅多的世界也可能存在，这是一种似乎可信却同样陌生的情况。

在这样的条件下存在的类似气态钛和钒氧化物的物质可以促成一层大气表面，这样的表面有时会吸收所有落在它表面的光。有的世界吸收的辐射比最黑的煤或者炭还多。漆黑的行星[18]。除非照射到它们的光线非常明亮，非常汇聚，人眼才会看到它反射的微光——就像是不完美的变色龙试图融入漆黑的宇宙。

热木星是真正的自成一类。但是坐在它们对面的是另一团体，一群冒失鬼，热木星的崇拜者。如果想要一个更加正式的名字，我会叫它们"伊卡鲁斯世界"（Icarus worlds）[19]。与热木星不同，这些行星有大型的轨道，花费数月时间完成一次公转。它们的轨道不是圆形，事实上是狭长的椭圆，一端在远离母星千万千米之外，另一端落在离恒星熔炉很近的地方。

对部分伊卡鲁斯世界来说，在轨道上，它们经历的恒星热度的变化差异有 800 倍。在它们运动最慢的远地点，状态是温和的。但随着它们向内行进，迅速移动，经过恒星的近地点，它们的温度在几小时之内爬升了将近700℃。

每一次它们靠近母星时，引力潮就会削弱一点它们的推动力。几百万年的时间过去后，它们放弃了这些可笑的轨道——就像和其他行星玩引力碰碰车的结果，渐渐地越来越遵从像是热木星的轨道。随后，它们也成为那一阵营的一员，悄悄靠近壁炉边的大扶手椅，但最终它们会将自己推入恒星的熊熊烈火中，难逃此劫。

不只是巨行星不稳定地盘旋着靠近恒星，有些更小的岩石和金属组成的行星也巡游在距离它们的母星几千万千米之内的地方。部分行星的质量只比地球大几倍，而且密度相近，表面被加热到远超过所有可想到的岩石类型的熔点的温度。

没有巨行星大气层的保护，这些行星的外层会变成岩浆的海洋，永恒的地狱。甚至金属化合物，比如铝氧化物都能沸腾，重新结晶成尘埃颗粒，依次被恒星风吹散，成为一大缕污染物，就像是宇宙熔炉排出的废气[20]。

可能这些世界曾经更像太阳系中的海王星——一颗覆盖了厚厚一层原生气体和冰层的行星；可能一次迁移使它们来到它们现在的轨道，在这里它们的保护层被侵蚀而消散；也可能它们一直是简单的岩石和金属天体，只是很不幸地最终被推向它们现在的可怕状况。

在地外行星酒吧的尾部，紧靠着炉火的是许多世界。但距其几步之遥就是更加多样性的天体和我们相当不熟悉的系统。打个比方，在另一把椅子上的是一个由 9 颗主行星围绕着一颗单一恒星的系统[21]。

一开始这可能并不会令人奇怪，毕竟，太阳系有 8 颗主行星围绕着太阳，还有很多超海王星的天体，例如冥王星。9 颗也没有什么大不了的。好吧，不是这样的，这 9 颗行星围绕着它们的恒星（假设这颗恒星恰好跟太阳有相同的质量和年龄）运动，所有的行星轨道都在木星轨道距离之内。

在这之中，有两个例外——它们只比地球稍微大一点，剩下的都巨大又结实：是地球质量的 10 倍、20 倍，甚至 60 倍。即使它们被塞进一个看上去非常紧凑的系统，仍然有多余的空间。在这样的地方，行星的形成过程仿佛是不加约束的，行星一个接一个地产生，某种程度上避开了引力相互作用的恶劣影响。你可能想要走到这些系统跟前，大声称赞："干得好，干得太好了！"

截至现在，有些事情很明显了：行星系统，以及行星本身，表现出非常多的多样性。这些多样性令人着迷，但也带来了一些严肃的问题，即我们该如何定位我们宇宙的平凡和人类的普通？地球不再是唯一的行星系统，而且越来越糟的是，如此多的新世界看上去颠覆了我们所有正常的期望。

部分系统中，行星的轨道是特殊的。重力动力学使这些天体的运动发展成一种排列，一种轨道周期，行星年根据简单的数字比例而同步。比如说，靠内的行星公转两圈的时间恰好是靠外的行星公转一圈的时间。就好像这些运动形成了一部分精确调好音的乐器，其音调被调整得和谐一致。

这一现象就是我们所知的共振。因为行星反复地在相同时间间隔内到达太空中的同一点，在这种情况下，轨道运动自动跟随这种节奏。因为这一点，它们的重力作用始终如一地以同样方式拖拽着其他行星，维持了它们的同步性。在这些系统的形成过程和历史中，行星轨道缓慢地变化，并陷入这样的状态，困在它们彼此的引力作用之下而无法逃脱。

虽然太阳系中存在着大量这种轨道共振的例子，但它们几乎全部只存在于较小的行星和卫星运动中，在大行星之间没有符合这种地外行星系统的共振运动。比如说，小一点的冥王星和巨大的海王星的轨道有这样的共振，每两个冥王星年等于 3 个海王星年。巨行星的几个卫星也遵循特定的模式。围绕木星的几颗卫星，木卫一、木卫二和木卫三在给定的时间间隔内走完的轨道数量遵循着 4：2：1 的比例。但大行星之间不存在这样的规律——至少现在没有，因为有证据表明，在大约 40 亿年前，木星和土星共舞一曲一二节奏的探戈。

它们只是比较特殊的情况，这些共振在太阳系中经常发生是令人惊奇的。但是很多行星轨道有另一个特性，绝对令人难以置信，因为它既很平常，却又和太阳系中的事物运行方式极端不同。

我们已经知道大部分行星的运行轨道不是圆形，而是椭圆形。这些椭圆轨道正是开普勒发现的能够解决太阳系中运行轨迹不对这一问题的椭圆，也正是从牛顿引力定律得出的椭圆。但是，地球的轨道是一个非常接近圆形的椭圆，与正圆相比只偏离了几个百分点。事实上，我们的系统中没有一个大行星的轨道偏离正圆超过 10% 的；除了水星，它的轨道偏离了 20%。

作为对比，勘测一下行星联盟，我们发现所有地外行星里，有 80% 的行星轨道是偏离正圆超过了 10% 的椭圆。事实上，超过 25% 的行星轨道偏离正圆超过 50%。换句话说，假如我们试图在行星联盟中找到太阳系的位置，就不得不非常仔细地找到这几个像我们这样的点。有这样相对较圆又很大的轨道，太阳系却位于椭圆运动表的底部。这显然不寻常。

椭圆形的轨道架构指出了许多十分重要的事。首先，它表明大部分行星系统，可能超过 70% 都有过被称为动态活性的一段经历。这意味着在过去，行星可能存在于不同的地方，时不时地经过、靠近彼此，通过引力努力地拉扯对方。渐渐地，这导致了一定数量的变化，甚至分解；行星被甩开，有时遗失在太空或者重新换了位置。我将在后面的部分，当我们处理行星轨道演化问题及它们与哥白尼描绘的平凡有何关系时，回到这一显著的特性，它指出大部分系统比我们的系统经历了更为动荡的历史。

对评估我们宇宙状态的目标来说，椭圆轨道的另一个重要方面在于气候。很多可能的地球近亲在公转一周的时间内，它们从母星接收到的能量往往会发生更加戏剧性的转变。能量是决定这些行星表面环境的关键因素，所以它是最为重要的。

多样性在行星联盟中并没有就此停止；轨道只是很多不同的特性之一。

很多系统包含大量另一种行星的例子，它们根本没有表现出绕着太阳运动。这些世界的范围大小从只比地球大一点到地球的 5 倍或 10 倍不等。

这些是超级地球（super-Earth）[22]，其中最小的至少和人类的地球相似——然而它们可能不是真的像地球，我将在接下来谈到这一点。事实上，更大一点的变异体可能非常不同，很多似乎有着巨大的大气层，可能含有很多氢气。部分这类天体可能覆盖了大量的水。它们可能是冰冻的固体。它们可能充斥着深度无法想象的（几十甚至几百千米）遍布全球的海洋，压力和温度使得水的物理和化学性质和人类在地球上体验过的任何情况都不一样。

超级地球

太阳系外的巨大的类地行星。

另一些行星上可能有适量的水，或者什么都没有。但很多应该有不断喷发的火山。除非有颠覆性的表面环境，这些地方也富含化学物质。不断喷发的热岩石传送带持续改善着化学混合物，使它们的大陆充满非常活跃的化合物。行星的大体积也意味着它们的地球物理年限非常长，它们冷却的表面与体积成比例地减小。几十亿年被压抑的活动会使这些行星看起来远比它们娇小的、地球大小的表亲更年轻。

行星联盟的这片区域中，联盟的中间部分占据了很大的数量。超级地球和稍微大一些的类海王星世界，以及小一些的地球大小的天体一起，是如此之多，它们不得不层层叠叠地堆在一起。我们现在的勘测显示，它们首选的结构是在密集的轨道里，可能只需要几天或者几个星期就能完成一次公转。这看上去确实像银河中行星形成的错误种类。事实上，数据显示这些天体可以轻易地超过银河中恒星的数目……可能有几千亿颗[23]这样的行星。

这是另一个惊喜，另一个痛苦的转折，来自我们对普通的太阳和太阳系的偏见，也引起了我们对哥白尼猜想的怀疑：这些行星大多围绕着比太阳更小、更暗的恒星运转，因为宇宙中大部分恒星都比太阳小且暗淡。

对星系做一个调查，你会发现 75% 的恒星比太阳质量的一半还小，亮度只有太阳的百分之几。最小的大约是太阳质量的 1/10，亮度几乎只有数千分之一。它们是暗淡的氢氦残留的淡红色球体。

我们目前的恒星邻居大部分是这样的天体。在离我们 20 光年以内的地方，有 8 颗恒星跟太阳相当，或者稍微大一点，但有 101 颗已知的恒星要更小。甚至著名的阿尔法半人马座真的由 3 颗恒星组成。两颗更像太阳，但另一颗比邻星几乎只有太阳质量的 13%，亮度还不到太阳亮度的 0.2%。

所有这样的恒星都是如此暗淡[24]，从来没有人用肉眼看到过它们中的任何一颗；只有经过望远镜的光线汇聚系统才能看到它们。但在你把这些小恒星看作星际太空底层的一团小虫子之前，想想这一点：它们不只是星系中大部分行星的港湾，还是所有恒星天体中最长寿的。

降低内部的温度，与动荡的、能够回收物质的原子核消化系统结合起来，导致这些恒星花费漫长的时间将它们的氢能源消耗殆尽。而且它们不可思议地做完了这一切。经过 100 亿年稳定的核聚变之后，一颗类似太阳的恒星在它偏离轨道、快速衰减前，永远不会消耗超过 8% 的氢。作为比较，一个小得多的恒星可能试图消耗它 98% 的氢，而且需要花费万亿年的时间[25]。

这意味着环顾地外行星联盟，你会发现绝大多数都是暗淡的恒星系统，通过迸发出小的岩石和冰块稳定地释放出能量，时间比我们所能预料的太阳的时间要长 100 倍。我认为有理由推断，一个装备了天文学设备的银河系外部观测者会勘测我们的领域，并快速得出结论：这是一颗由行星主宰社会等级的恒星，小的行星掌控栖息处，大一些的更加少见。

现在，在恒星休息室寒冷的尾部是一把阴影浓重的椅子。但这里似乎跟其他地方一样浓重。在这些椅子的阴暗深处坐着的是俱乐部里最神秘的成员——星际世界、盗贼、自由飘浮者。这些行星没有恒星绕行，它们在广阔的太空中飘浮着。

它们偶尔经过遥远恒星时，对光线有所影响而被发现。它们的质量造成的透镜状变形在空间－时间网中，短暂地放大和扭曲了围绕着其冰冷黑暗外框的射线。这些天体可能在一些年轻的行星系统中由残酷的引力拉扯诞生，又从它们的恒星巢中被喷射出去，在星系中到处漫游。

有证据证明这些漫游行星数量相当多 [26]——可能和银河系里的恒星一样多。它们的存在深刻地改变了宇宙中天体物理物体的平衡，使其从大型架构转变为凝结的小型行星物质，这些物质在环绕恒星诞生之初的湍流循环中产生。再一次，多样性和种群的大小是我们都没有预料到的。

将一切放在一起，俱乐部的休息室里拥挤着不少令人惊异的成员，随着我们四处环顾，我们不断注意到越来越多的类型。事实上，我只是浅尝辄止地注意到了目前为止我们最了解的物种。

比如说，也有很多系统的行星围绕着不止一颗恒星运动。想想这差异吧！双星，有时甚至更多 [27]。通常情况下，这些地方的恒星在相当远的距离上绕着系统的中心运动。在这样的情况下，行星能够安全地形成，并绕着其中一颗恒星运动，而不会被明亮的另一颗恒星的引力作用过度干扰。但也有一些地方，行星恰好绕着双星运动，两颗恒星位于行星系统的中心。这些球体在如此遥远的天空中升起，并保持步调一致地行进，有时在一整天的时间里，它们互相遮蔽，或者并排在一起。

天文学家现在发现，肯定也有五彩缤纷的行星构成和环境：带有水蒸气或氢分子大气层的世界、完全没有大陆的海洋行星 [28]、地球物理与众不同的碳世界、永久的冬天下着雪球以至于它们的大气层都冻结而掉在地上的世界。

肯定有炙热的、寒冷的、温暖的、不冷不热的世界，有时所有这些区域会在一个世界里。有些世界是年轻的，有些是古老的。会有富含化学物的世界，一部分这样的世界充满我们不熟悉的化合物，另外一部分则更像是地球；会有没什么化学物的世界；会有带着一圈尘埃和碎冰的世界，像是土星；也会有带有卫星的世界，有些卫星可能跟火星或地球一样大，甚至可能带有它们自己的大气、海洋和陆地。

随着勘测继续进行，一些事情变得越发清晰。第一就是我们的恒星和行星系统的构造都不是最普遍环境的代表，在我们的系统中，小的、岩石的、湿润的行星被发现。换句话说，即使在所有的行星中，地球和它的环境也有些不寻常。

这可是非常有趣的。让我们假设，孕育生命的环境在任何类型的恒星或任何形态的轨道中都同样可能出现。如果情况就是这样，我们可能会预计，大部分适合居住的世界的存在是围绕着低质量恒星和椭圆的，或者处于密集的轨道结构中。它们或它们的陪伴者应该是超级地球。因此，单纯基于这一假设，我们更可能存在于这些系统中的一个，而不是现在生存的这种系统。

有很多解释可以说明这一点。一种解释是，"人类我们没有生活于存在生命的最常见的类型系统之一"这一事实只是概率论罢了；我们有点偏离概率。如果这是正确的，那么没什么可深刻学习的；人类只是碰巧生活在有些反常的位置。这可以意味着，比如说，生命存活于所有看上去很怪异的地方，从围绕着昏暗的低质量恒星的行星到甚至更加奇异的环境，比如围绕着行星的冰冻的或气候温和的卫星。如果生命经常诞生，它更有可能诞生于不太普通的地方，比如太阳系。

但另一种可能是，孕育生命的环境并非在所有恒星类型和轨道结构之间都有同样的可能地。也许真的有什么使得地球的环境特别适宜生命。后一选择意味着，宇宙作为一个整体可能产生的生命数量比它能够产生的要少。回顾本书，我提到过这样一个问题："宇宙中生命有多普遍？"这是一个从哥白尼到人择原理都没有给出答案的问题。如果第二个场景被证明是真的，它将会提供给我们一种测量生命诞生频率的方式——无生源论的可能性（从无生命的物质中自然诞生生命），一个我稍后会叙述的关键主题。

一些明显的行星特质可能有助于创造一个多少有可能包含生命的系统。温度是其中的关键之一。地球存在于一个稍微不稳定的平衡中，在其表面有大量的液态水。液态水是一种特别自然的溶剂，在陆地的生化系统和我们的行星地球物理行为中扮演了重要角色。地球到太阳的精确距离、太阳当前的亮度和地球大气构成都在我们充斥着海洋和降水的环境中起到了重要作用。

但我们仍然不了解维持行星温度适宜的气候的所有机制。比如，我和我的同事们[29] 已经调查了行星轨道、转轴倾角甚至白天的长度是如何调节行星上的气候，直至与地球相似的。这并不简单。处于远比地球轨道椭圆得多的轨道上的行星仍然可以保持着液态水的环境，然而有着较短的白天的行星就不太善于把热量从热带的赤道转移到两极，可能更容易在冰河时代"冻结"，从而结束所有的冰河时代。

正面和反面的清单还在继续。也有一些完全不同的水环境，像那些我们认为可能存在于冰层之下的卫星，比如太阳系中的木卫二、木卫三或土卫二。湖泊甚至海洋的液态水可能存在于这些地方的地下，不依赖于温暖的恒星。

我们显然需要更多的信息，好知道如何给这些可能性排序。在接下来的几章，我将筛选一些事实，来看看还有什么需要了解的，以便帮助解决"什么使得行星适合生命"这一问题。但地外行星的多样性可能在探索生命这方面，还有些其他的事要告诉我们，从它们的轨道排列方式到行星本身的成分特性和结构。但尽管大范围的特性教会了我们行星的天体物理学，它也创造了一些重大科学难关。

当总体现象明显有很多交织在一起的部分时，理解行星形成和演化背后的机制变得更难了。它也创造了一道阻碍，与人类探寻宇宙意义直接相关：如果多样性意味着没有两颗行星是一样的，那我们要如何评价人类在这些世界中的地位？

说得更明白点：科学家们总是热衷于谈到寻找"另一个地球"或者"类地"的行星。这是个试图概括寻找在某些关键方面（从大小到组成，当然还有表面环境）和我们相似的世界的简单方法，但隐藏在这些单纯的词组之下的是无尽的痛苦。

　　术语"类地"[30]给人的印象是，另一颗任何人都能认出的行星上有着大陆、海洋、云朵、森林和小的、毛茸茸的动物。它意味着我们的世界是一个模板，是用来跟其他世界做比较的原版。这包含着老论调的些微阴影，即简单地假设其他地方的生命与这里的生命类似。

　　事实上，我认为我们真正在寻找的是和地球等值的行星。等值在这种情况下相当于汽车租赁公司告诉你，你没法获得你预订的红色运动款软顶篷汽车了，但你能获得一辆等值的车，既不是红色运动款，也不是自动敞篷的，但它也有4个轮子和一个引擎。

　　最简单的，地球等值的需求必须包含与今日地球或历史上的地球相似的表面环境。这意味着这颗行星要有与液态水、现存的水、化学燃料和原始材料相适应的温度。它可能也包含着某种程度上的稳定性，没有接二连三的太多剧烈变化或太多生物破坏性的辐射。

　　一个令人着迷的问题是，无论这种等值地球能否在与我们的故乡表面十分不同的地方被找到，我们都不得不拭目以待。然而，在我们继续探索地外行星联盟之前，它们还教会了我们另外一课，经常被我们忽视的一课。你可能认为我将要描述的行星过剩的含义是显而易见的，但事实上，它有着不易察觉却很重要的影响。

探寻生命的信号

　　在阿雷西博天文台第一次发现太阳系外的行星天体之后的几年里，我们检测到了几千个行星围绕着几千个恒星。我们知道这一数目会持续增加，因为已经有足够的数据来统计、推断、估算太阳系行星的总数量，并粗略地进行行星普查。很多科学家已经做到了这些，大致模型已经清楚。

如果只考虑大小与地球相似的那些行星——比如说，范围从地球直径的 1/2 到 4 倍，很显然，在银河系中的任何位置肯定都有几十亿到几百亿个这样的行星。事实上，若只考虑那些在合适的距离围绕恒星的、带有温和的表面温度和液态水的行星，一些研究表明，这样的行星在星系跨度内的总数[31] 超过 200 亿，甚至多达 400 亿。

宇宙拥有如此丰富的世界。这些温度适宜的世界中的一个有 95% 的可能存在于距离太阳 16 光年之内的地方，仅一箭之遥。利用当今望远镜的技术，这样一个地方正迎来更加细致的研究。随着下一代望远镜和设备的出现，我们有希望继续探寻生命的信号。

承认行星丰富这一事实很简单，但它从根本上改变了我们对生命的疑问的性质。试想地球是宇宙中唯一的行星。我们可能仍然想问，生命诞生于这样一个世界的可能性是多少，但这实际上可能无法回答。它可能与认为可能性一定很高一样吸引人（或者为什么宇宙中这颗唯一的行星有生命），可能无法根据这唯一的例子来核实这些。

在这个假想的宇宙中，第二颗行星的出现会改变一切。无论这颗行星上是否有生命，我们都可以做出关于行星诞生生命可能性的数学推论，以及不确定性的估算。更多行星的出现，会改善这样的状况，每一个是或非的问题都会帮助我们定义生命在任何行星上诞生的概率。

所以这就是重要但又不易察觉[32] 的事情。我们知道人类生活在行星遍布的宇宙中。这意味着给予足够的时间和技术支持，生命可能性的问题、合适世界无生源论的概率都能够得到解答。

　　宇宙是否不得不按这种方式运转，我们尚不清楚。行星可能很稀少，而人类可能仍然在这里，在这个孤独的地球上问着同样的问题，但永远缺少答案。大量行星的发现绕回到我在本书开头部分提到的想法：人择原理。这一定律辩称，宇宙似乎不只是被精确调整、允许至少一种生命的发生，似乎也被调整到允许生命弄清有关自身的情况，决定无生源论的可能性。

　　我们不知道从这一点到底能得出什么样的结论——至少目前不知道。但它是相当具有煽动性的，这是一个事实，当我们在空间和时间上探索得更远时，需要折回去审视我们的思想。

　　搞懂宇宙的行星迫使我们仔细思考人类所处的小盒子之外的世界。我们不得不重新审视很多古代关于未知世界的幻想。我们也不得不纠正自己，要停止认为我们的太阳系是整个世界的优秀代表。

　　如果探测最近的地外行星的技术挑战不是那么大，我们可能会更早到达那一点，而当我们奋力探索这些围绕着耀眼的恒星的暗淡斑点时，惊喜将持续不断地到来。大量的行星证明了哥白尼的猜想，它们的多样性搅浑了这一潭水。有迹象表明，人类居住在有些不平常的地方，也有迹象暗示宇宙精调观念在扩展。然而，故事尚未结束。

　　这是因为这一不平常的世界联盟只是我们宇宙邻居漫长历史的一个剪影。任何我们与自身所处的太阳系所做的对比，都常常建立在当时的一系列简单测量的基础上。今天的环境代表着来自太阳及其世界过去 45 亿年和未来 50 亿年之间的简单瞬间。那么，把所有的结论建立在如此狭隘的一刻有

意义吗？如果行星系统像钟表一样——永无止境、不会变化，那就可以预测
这是有意义的。但它们并不是这样的。所以在下一章，我将揭露天体力学中
最黑暗的一条秘密，它解释了为什么必须包括流逝的时间，以及与意义等值
的变化的可能性。

04

伟大的错误

人类这一物种并不是从荒芜之地突然出现
的。地球与生命在几乎 45 亿年的时间里有
着一段错综复杂的历史。

那一年是 1889 年，时年 34 岁的亨利·庞加莱（Henri Poincaré）[1] 正处于事业的上升期，这位初为人父的年轻人，作为巴黎大学新晋的教授，刚刚被选为极负盛名的法国科学院的院士。就在几个月前的 1888 年夏季，他非常自信地提交了最终在一项大奖赛上获胜的论文，该论文讨论了数学物理中一个最为经久不衰也最具挑战性的问题的答案。生活此时看上去如此美好。

在 19 世纪晚期，将尚未被解答的、重要的数学问题纳入比赛是非常普遍的行为，这一惯例在如今看来似乎有些奇怪（但有些经典问题仍会采用该传统）。这个案例的特殊之处在于，这项赛事的赞助人是瑞典和挪威国王奥斯卡二世（King Oscar II）。奥斯卡二世不仅曾在乌普萨拉大学（Uppsala University）主攻数学专业，还与学术界保持着非常密切的关系。事实上，他对新创刊的瑞典数学杂志《数学学报》（Acta Mathematica）[2] 非常感兴趣，创办该刊物的机构后来成了斯德哥尔摩大学。

在皇室赞助下举行，且获胜者得以将获奖作品刊登在刊物上，这一比赛的出现只不过是时间问题。因此，1885 年，比赛主办方发布了通知，来自欧洲各国和美国的知名数学家组成了评委。赛事要求参赛者回答由评委选择的 4 个著名的数学问题，当然参赛者也可以选择自己的主题。作为额外奖励，奖项将会在 1889 年奥斯卡二世 60 岁大寿的庆典上宣布。

比赛列表中第一个问题非常著名且多年悬而未决，可简称为"多体问题"[3]。该问题历史悠久，可追溯至 17 世纪晚期，艾萨克·牛顿发现运动和引力定律的时候。牛顿定律非常清晰地阐述了行星轨道的形态，乍看上去，似乎可以应用它们计算出任何一组相互间存在引力作用的物体的运动轨迹，可以是三体、四体或者任意数 n。毕竟，任一物体施加于其他任何物体上的力都将遵循牛顿的万有引力定律。所以如果知道起始状态，一定可以把所有物体的任意位移计算到任意的精确程度。

这对两个物体，比如太阳和一个单一的行星来说非常简单，但牛顿很快就意识到，对于任何一个稍微复杂一些的系统就完全不是那么回事了（见图 4-1）。自己竟然无法解决这个问题的事实显然激怒了伟大的牛顿，他写道："如果我没算错，同时考虑所有运动的起因，并根据精确的规律定义这些运动，是任何人类的智力所不能胜任的。"

在经典主义里，他非常正确。不是几个代数算式和积分学的直接应用就能够描绘出由万有引力相互作用引起的多体运动的数学轨迹的。然而，尽管大师牛顿宣布无解，多体问题的证明仍然是一个尚未解决且令人挥之不去的问题。人们需要用一个合适的数学证明，也可能，仅仅是可能，用数学上更复杂的方法来找到解决之道。

注：左上方，两个物体之间互相作用并沿轨道运行，处于一种稳定且可计算的状态。右上方，三体包含 3 个三维空间坐标、3 个三维速度向量及 6 个三维力向量。下方：四体包含 4 个坐标、4 个速度向量及 12 个力向量——每一个都有 3 个维度，每一个都同时运动。怪不得牛顿最终放弃寻找代数解决方法。

图 4-1　通过重力产生相互影响的物体之间快速增加的复杂性举例

从牛顿到庞加莱之间的这段时间，学界在绘制行星轨道演化这一问题上颇有进展，找到了更多更加精确的方法。18 世纪末，科学家皮埃尔·西蒙·拉普拉斯和约瑟夫·路易斯·拉格朗日（Joseph-Louis Lagrange）分别发明了一种数学工具，至少可以粗略地预测多个行星数千年甚至数百万年的运动轨迹。答案的关键在某种程度上源于一种技术性很强的观点。这两名科学家都意识到多体系统的轨道是"准周期"的：行星对行星的影响意味着，每一颗行星都不会一直在完全一致的时间内走完它的轨道。那么利用一些数学技巧来挖掘该属性，从而预测系统轨道演化的一般趋势是有可能的。

这些方法的最大缺点在于无法追踪系统运动的每个瞬间，基本上只能计算行星在一圈的运行中拉拢或扰乱其他行星的周期性的平均值。这类方法非常聪明，且被使用至今，以回答关于行星系统的大致运行轨迹，特别是短期内的运行轨迹这类问题。当时，它们也被认为是引力系统具有决定性本质的证据，是牛顿定律所定义的宇宙中的一部分。

但在表面的成功之下，它们仍然只是近似值，只是用聪明的数学技巧回答了某些问题，却不是全部。直到 19 世纪末，人们才越来越清楚，决定行星未来运动轨迹的力的组成不能被忽视或简化。

所以，当时已经非常有名的庞加莱看到奥斯卡二世发布的比赛 4，并愿意挑战第一个问题就一点也不奇怪了，因为解决这个问题将会使他流芳百世。庞加莱开始攻克这个难题时进展很快，他有一个数学证明，显示一个物体可以决定三体系统的稳定性。更重要的是，他宣称他能够以任意精度计算三体的运动轨迹。虽然这只解决了多体问题当中的三体情况，但仍然征服了评委，而庞加莱也得到了这一赛事的奖励。

让他头疼的时刻就此开始。如赛事承诺，他的获奖论文会被刊登在《数学学报》上。但当论文被编辑并准备发布时，庞加莱开始意识到有些不对——他犯了一个严重的错误。他关于三体问题解决方法的证明是错误的、不成立的，他不得不告诉杂志编辑，在证明的关键地方，他忽略了数学函数的几何行为的一种微妙的可能性。

不幸的是，当他告诉编辑时，杂志社已经印好这篇论文并将其送往世界各地了，为了补救，他们召回了所有杂志。庞加莱不得不自付费用，而这笔费用远超过他不久前刚从奥斯卡二世那里获得的奖金。可怜的庞加莱。很少有数学错误会造成如此大的损失 5。

这时出现了一道曙光——与庞加莱的经济问题无关。庞加莱从犯错的尴尬中走出来，并开始弥补他的错误。他想到了一个将产生巨大影响的分析，即多体问题可能永远都不会有一个直接的答案。从微积分角度而言，万有引力影响下相互作用的三体问题是没有可解析的积分解的，这暗示着含有更多数目的多体问题也是无解的。

根据庞加莱所述，如果一颗恒星有两颗行星围绕它旋转，那么是无法通过纸和笔计算出该系统未来（或过去）的精确轨迹的。如果是含有两颗以上的行星、任意数 n 的多体系统，那就更加无解了。唯一可能的例外是一些非常极端的特殊情况，比如，第三个物体非常小，无法产生任何有影响力的引力作用。

这件事非常值得一提，庞加莱的新数学方法预示着下一个世纪才开始显山露水的、隐藏在经典物理学层层迷雾之下的宇宙的另一面，而宇宙的这一特性我接下来会讨论到，它就是混沌。

结果表明，当庞加莱断言多体问题无解时，他取得了巨大的进步，但他很快发现详细情况更加奇怪。走到发现问题根源这一步已是困难重重，而得到下一阶段的答案更是花费了近一个世纪的时间。20 世纪 90 年代初期[6]，一位名为王奎冬（音译）的华裔数学家在该问题上做出了贡献，他表示多体问题的确能够有完整的代数解。然而有一个问题，而且是个非常严重的问题：解决方法涉及的数学术语总和有百万级之多。也就是说，你确实能够写下解决多体问题引力行为的代数方程式，但可能会花费你一辈子的时间。而当你运算这些等式时，那些四舍五入的误差却会使答案毫无价值可言。

这是行星系统真正的基本性质的关键，而这一性质自从庞加莱时代起就日渐明显：描述它们的方程无法涵盖和控制计算中细微的不确定性，任何小数级的误差最终都会毁掉你预测事物的能力。自然本身充满了真正的变化，行星系统相互作用的网对这些变化有着敏锐的感知。任何一处微小尘埃，如果被给予足够的时间，都会改变整个世界的最终轨迹。

系统以及描述系统的方程的敏感性是自然的基本特性，通常被称为非线性[7]，因为在对系统的任何改变和系统对此做出的回应之间不存在简单的一对一关系。这有点像用一根棍子小心翼翼地戳一只大狗：同样的行为可能引起恐惧的吠叫，也可能导致愤怒的反击——回应是非线性的。非线性系统是特殊的，因为系统会表现出混沌性。

严格来说，这并不是毫无原因和秩序、让人头痛不已的属于恶魔的混沌，而是一种数学类型的混沌，一种可能会、也可能不会导致无序和毁灭的混沌（视最精确的细节而定）。其核心在于不可预测性，即未来情况的不可知性。所以一粒微尘、行星起伏不定的变化或者轨道中改变的位置，不仅会导致未来轨迹产生翻天覆地的变化，其轨迹也不是总能预测的。这种情况在其他许多复杂系统中同样存在。非线性适用于地球上的气候与天气，以及经济系统和期货市场的变化，不确定性根植于系统最深处。

这种类型的混沌非常适用于行星系统，事实上，所有的行星系统都具有变得混乱的潜质。对多体问题及任意周期内轨道轨迹的计算来说，这真是祸不单行：第一，你无法列出实际可行的解决运动方程，第二，即使能解决，系统仍然会偏离轨道，变成不可预测的混沌状态。毫无疑问而又难以忽视的真相是，庞加莱很可能乐在其中。

幸运的是，在庞加莱取得突破性成就之后的那个世纪，一个新工具的问世给予了人类探索这些隐藏其后的动态的可能性。一些死去已久的恒星重组成我们行星地质的一部分，经过开采、化学提纯和重结晶，形成薄的硅晶元，创造了微机，能够来来回回地运输电子进行计算，这就是计算机。

　　计算机的美妙之处在于利用其纯粹的数字运算能力，我们可以尝试建造引力系统的运行模型。我们可以模拟任意距离的行星之间的拉力及其导致的轨迹——以秒、星期、年甚至无限长的时间单位来模拟。事实上，我们能做的只是应用微积分工具（数学的无穷小）来建造虚拟世界和行星系统，它们的运行方式与真实的世界、混沌及所有情形几近相同。

　　计算机模型真正神奇的地方在于，我们不仅可以在几天甚至几小时之内模拟行星亿万年的运动，还可以不断重复，以追踪尽可能多的不可预知的未来。虽然混沌可能主宰了一切，但我们至少可以开始掌握未来有多少种可能，会将我们带往何处，并描绘出一幅趋势预测图——比较不同类型结果的可能性。

　　这个虚拟世界的探索者们拥有很多壮观的发现。20 世纪 80 年代末期和 90 年代初期，法国经度局（Bureau des Longitudes）的雅克·拉斯卡尔（Jacques Laskar）[8]、麻省理工学院的杰拉尔德·萨斯曼（Gerald Sussman）和杰克·威兹德姆（Jack Wisdom）[9] 就一些行星系统在太阳系内运动的长期特性分别开展了一些开拓性的计算机试验。通过采用一系列数学方法，这些科学家试图追踪未来随着时间流逝，在百万年甚至上亿年间可能出现的轨道变化。拉斯卡尔将虚拟世界的时间回溯至 2 亿年前，探寻最初的动力，通过时间回溯和平行轨道历史的研究，研究员们甚至可以调查太阳系过去的特性。

　　在这一时期，其他的引力实验已经研究了行星子集的行为，包括地球轨道以内的行星或者轨道以外巨大的行星，比如木星及其同类，甚至行为怪异的孤独的冥王星轨道。但现在，整个大行星系统的研究结果显著地证实了长期存在的怀疑。太阳系本身就能接触到强烈的混沌。

　　经过大概仅几百万年的时间，行星的运动表现出一种被称为指数级散度 [10] 的现象。换句话说，在此时间后，最不可能测量的位置和速度的变化最终将行星轨道带往不可预测的轨迹上。这并不是说它们的变化太疯狂，只是我们不知道它们究竟会在什么地方。

　　这有点像是放出一群信鸽。如果你在离家不远的地方放飞它们，它们只是在周边随意地飞几分钟，然后就飞回家里吃它们的鸟食，你可以非常容易地追踪到它们，甚至可能知道其飞行路径何时会将它们带回家——特定的回旋和熟悉的、可预测的行为模式能让你做到这一点。

　　但如果你将鸽子带往遥远的田地后再放飞它们，精确预测它们何时会回家就变得非常困难了。如果鸽子非常适应当地环境，它们可能一只都不会飞回家。而变幻莫测的地理环境、天气状况以及鸽子脑回路的特性，会使它们的旅程非常难以预测。

　　虽然我们可能并不会对鸽子不可预测的行为感到过度震惊，但在太阳系中，行星运动的不可预测足以引起我们的噩梦。这是个让人深深感到不安的发现。牛顿的物理学以及拉普拉斯等科学家对其的应用似乎描述了一个像钟表般机械运动的宇宙，这一事实基于能够引导你穿过空间和时间、从 A 点到达 B 点这样一条定律。虽然混沌和非线性的概念在数字计算机试验中被用于模拟行星运动这一时期广为人知，但这还是第一次真正证实了太阳系既不是机械规律的，也不是可预测的。

　　人类短暂的一生，甚至是我们整个物种从地球表面蹒跚踱步逐渐发展至今的时长，使我们目睹的不过是最短的一段行星邻居的轨道历史。它们的运动永不停止的变化可能并不那么不吉利或让人害怕，我们不是几十亿年的万能的神，只是短命的生物分子聚集物。意识到我们只是一大片轨道可能性海洋中的一朵小浪花，这一点相当令人震惊。

但除了扰乱我们对我们所生存的行星可靠性的看法外，这一让人不安的性质还有没有告诉我们太阳系的其他性质，以及就此而言，任何其他太阳系的性质。确实有一些，因为在这种情况下，混沌可以导致毁灭。

想象每一种未来

你可能会好奇，我们如何能够预测系统的行为。我刚才说过，从根本上来说，超过几百万年的时间是不可预测的。这是个好问题。思考这一点的最好方式就是，将每一种可能的未来视为无数条轨迹之一，有点像每次我将球丢出去时的路径（见图 4-2）。

注：大部分球会往同一方向反弹，但不时会有一个例外使球弹向别处。

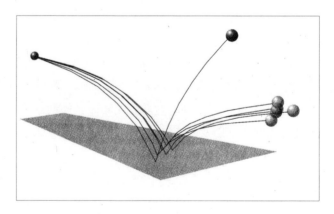

图 4-2　将球丢出后的三维轨迹

如果我能以某种方式绘制出每一个球的三维轨迹，并将球丢出去 1000 次，那么你最终可以看到空间中一大捆金属丝一样的线。这些线的大部分可能会紧密地聚集在一起，但有一些会偏离在一边，这样的球弹跳得更不规律，在掉进灌木丛前滚过了几个看不见的土坡。如果我只研究那几个远离中心的轨迹，并找出在第一次弹起之后，这个球接下来发生了什么，我就可以选择这个球可能的未来，而这可能导致更加戏剧性的一幕。

这就跟动态行星系统的未来轨迹一样。在几百万年后，人类可能面临的结果是，行星轨道似乎更加极端、更加容易因为天体距离彼此更近（而非更远）而引起问题。可能轨道椭圆率有所增加，改变了轨道的远 / 近地点。或者可能在椭圆的方向上，再一次将天体带往更大的邻近天体。

我们得到这些未来[11]，看看接下来几百万年里它们会发生什么变化之后，再重复这一过程并去掉比较无趣的那些内容。我们仍然无法预测四五百万年后的明确结果，但我们可以看看可能会发生什么，并在某种程度上找出未来可能或不可能是怎样的。

研究这一问题的两位科学家是加州大学的康斯坦宁·巴特金（Konstanin Batygin）和格雷格·劳克林（Greg Laughlin）[12]。他们利用计算机模拟行星间的引力相互作用，推演了太阳系的遥远未来，将时间向未来推进了 200 亿年，甚至超过了太阳的死期。

事实证明我们不需要看到那么远，直到有趣的事发生。虽然外太阳系的行星（木星、土星、天王星和海王星）有很大的概率能够在接下来几十亿年的时间里停留在稳定的轨道上，但内太阳系的行星就不是这样了。

　　在其中一个可能的未来轨迹中，水星会在大约 12.6 亿年的时候掉进太阳里——它的轨道乱糟糟的，并且因为与其他行星的相互作用而陷入混乱。另一次，在大约 8.62 亿年的时间里，水星和金星发生了碰撞。甚至在碰撞之前，水星出格的行为就会导致火星被丢出太阳系，进入星际太空中，成为一颗永恒漫游的行星（见图 4-3）。

注：左侧，我们目前的太阳系，水星、金星、地球和火星的轨道。右侧，33 亿年时（Gyr）1% 的可能会发生的情况：水星的轨道变得非常倾斜，足以与金星相撞（轨迹 1）；金星的轨道可能与地球的轨道有交叉（轨迹 2）；失稳作用可能导致金星和地球相撞（轨迹 3）。

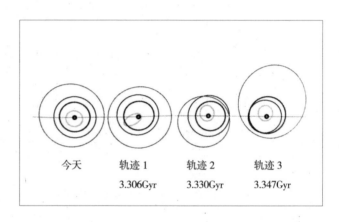

今天　　　　　轨迹 1　　　　轨迹 2　　　　轨迹 3
　　　　　　　3.306Gyr　　　3.330Gyr　　　3.347Gyr

图 4-3　可能的未来

　　在所有情况中，地球轨道的未来当然也会发生变化，进入新的形态——更可能的是完全变成灾难。这些实验和拉斯卡尔与同事们的其他关键发现一起，为我们揭露了若干令人不快的可能性。在几百万年的时间里，之前距离较远的行星，比如金星和火星，可能会成为我们的噩梦——与地球发生碰撞，这只会被描述为我们所知的一切的结束。

　　这些结果都是可能的吗？可预测性当然是核心问题，但我们可以估算出这么多未来轨迹中有多少会以这种恶劣情况结束。水星轨道演化成比目前更加椭圆、更加脆弱的轨道，在接下来的几十亿年里，这一概率在 1% ～ 2%

之间。可能看上去并不需要太担心这些，显然人类这一物种可能并不会经历这一切，但这些简单的概率表现出天体力学概念化的重大偏移。

确实，远没有那么机械化的可预测性，取而代之的是严峻的、令人不安的数学可能性。我们的太阳系，我们原以为牢不可破的行星轨道需要设法在遥远的未来存活下去，正如它曾在太阳形成的时候存活下来一样。这可不怎么让人舒服。

考虑到这些事实，我认为公平来说，宇宙性质是钟表般机械化的这一观念，现在已经是科学史上最严重的错觉之一。这一观念是由我们有限的感知，由我们碰巧发现的宇宙模型造成的。确实，即使是最简单的系统——一颗恒星和一颗行星，也不会一成不变。在牛顿定律经典假设的模型中，恒星不是单一的一个点。它是一个大型的分层的天体，可能不是完美的球体，甚至连质量都不是稳定不变的。

恒星会随时间变化摆脱一些物质，它会向太空中释放光子和粒子，气态的外壳会因行星的潮汐力受到拉扯并变形——可能只是很微小的变化。行星本身也不是一个紧凑的小点；它接近但不太可能是完美的球形。和任何大型的岩石或气态天体一样，它也会在内部分层，就像一颗大洋葱，由不同密度和黏度的化合物组成。

正如我所讨论过的，行星可能会泄漏部分大气到太空中，它也会受到恒星引力场的潮汐力影响。由这些作用力引起的温和摩擦缓缓释放能量，放射性地进入宇宙。这些能量再也无法恢复，最终由于行星的自转和公转而耗尽，甚至自转轴向也会随时间发生变化。总之，不论我们是否喜欢，"单一"的恒星－行星系统都会演化。

　　另一个双体基本例子是地月系统。即使有魔法能将这两个天体从太阳的引力影响中单独拎出来，我们仍会发现没有什么是真正不变的。现如今，我们认为月球形成于混乱的早期太阳系的一次大碰撞，当月球形成时，它自身就围绕着快速自转的地球旋转。如今，地球的自转周期是 24 小时，速度仍然超过月球 27 天的公转周期，但它不会永远如此。

　　月球引力引起的潮汐，使我们的海洋和大陆板块都表现出巨大的浅浅凸起的现象。但在这些凸起朝向月球上升的时候，我们永不停歇的地球继续自转，使它们越过月球的位置。这一结果造成了月球上不平衡的引力。这些凸起拖拽着月球，使其不朝向地球，而是沿着它的路径行进。结果，月球被移到一个更高的轨道上，但它的拉力同时减缓了地球的自转。从人类的短暂历史来看，这些效果很微弱，但它们是可以测出来的，而我们也在试图做这样一项实验。

　　20 世纪 60 年代晚期和 70 年代早期，阿波罗宇航员到达月球表面，他们留下了一些东西和一面经过特殊设计的镜子。这面镜子面向地球，和由苏联月球任务留下的其他镜子一起，被用来反射地球发射到月球上的激光束，来确定两者的距离，测量精度非常高。这是个绝对棘手的测量。考虑到距离和光在穿过地球大气层和离开月球反射时的传播和散射，只有亿亿分之一的光子能真正地回到地球并被我们检测到。

　　尽管如此，激光脉冲的精确色谱和计时允许我们的电子设备采集这一微弱的信号并计算它的往返时间。我们也知道光速的精确数值，知道如何考虑月球在轨道上移动的额外效果，以及爱因斯坦的相对论。因此，我们可以将光子整个旅程的时间（大概 2.5 秒）转换成距离值。最终我们发现，月球每年会远离我们大概 4 厘米，或者说是当前距离的 0.0000000008%，而地球的速度每天将会慢 0.0000015 秒。

这些都是非常小的数值，但系统显然不是稳定不变的。它的轨道舞步并不是永恒的。古代海岸线的考古记录、潮汐沉积的矿物和化石提供的证据，确实证明了我们的行星的自转速度在过去是不一样的。大概 6 亿年前，地球一天的长度只有约 21 小时 [13]，自转速度因为海浪冲上海滩而减慢了约 3 小时。

所以在很多方面，对描述行星运动的牛顿方程的完善是做出一些重要的近似结果。即使是爱因斯坦关于这些方程的优美总结，也未能囊括那些复杂的细节。虽然数学仍然统治着宇宙，但由于我们一开始可能忽视的效果的累积，预测几乎无法直接实现——而 n 体问题有时会将行星扔向灾难中或者重新排序整个系统。

所有这些发现都把我们带回到探索我们在宇宙中的意义这个中心问题，因为轨道的特性代表着另一个特征，能够比较太阳系与其他星系。确实，稳定的行星踪迹只是错觉，这一事实打开了新的视角，就像开普勒意识到行星轨道其实是椭圆的，揭示出行星构造无数的可能性。

它意味着任一行星系统的另一项重要特征，一项有必要知道的额外特性。在我们看到的这些轨道构造之外，是这些轨道未来将会做什么或者过去做过什么的问题。换句话说，行星系统不可能仅通过一个简单的片段就被完全掌握，它是一个不断演化的、本质上是混沌的怪物。

如果哥白尼知道这些事实，他可能会立刻放弃发现宇宙构造的尝试。毕竟，如果将地球从宇宙中心位置移开这一巨大变革无法有效地描述整体的天体现实，那么我们又怎能期待了解事物的本质呢？幸运的是，这一额外的特征也是个机会，因为它可能提供了另一种重要的方式来为我们的太阳系分类。

在上一章，我向你们介绍了地外行星联盟，以及它们引人注目的庞大数量和各异特性，包括看上去无穷尽的轨道组合与排列。我也暗示了形成这些构造的原因：过去充满变化与不同。现在我们几乎走完了一整圈。通过发现太阳系生活在混沌的边缘，我们将武装自己，重返这些世界、这些地外行星，来看看它们是怎么成为它们的。

这一答案也将揭露另一条显示我们在所有行星混沌中所处的地位的线索。

随机构建 1000 个虚构系统

为了探索地外行星，我们需要回过头来看看科学的模拟，由计算机计算出的天体之间的引力模型。我承认，我是那种看到小玩意儿和新发明就激动的人——特别是如果这些小玩意儿和新发明能够给一个伤脑筋的问题提供完美的解答。当面对室内犯罪时，没有什么能够打败这样的满足感——知道该从工具箱里拿出什么工具，而这工具是为了满足这样的需要而提前放置在那里的。这样的时刻值得用一杯茶和一口点心来庆祝，因为通常视线与思维之外的其他事都是一团糟。

一些已应用在科学中的工具相当令人满意，即使它们并不是解决所有问题的灵丹妙药。我认为，应该在工具清单里把模拟天体引力动力的计算机系统和程序排在前列。这些引人注目的模拟器和微积分计算机器的发明历史是引人入胜的，但这是另一个故事，而我想将重心放在它们是如何引领我们找到新的视角来看待所有的行星系统，而非只有我们自身的系统的性质。

我第一次研究的这些制作精美的计算机代码[14]是一位有才华的动力学家免费提供的，我几乎迫不及待地等到早上检查其成果。我渴望看到我想象出的世界将它们带往何处，在虚拟电子周期中它们将处于怎样的轨道恶作剧中。

这是如此罪恶的一种乐趣：绘制出每个行星的历史，将几百万年的引力作用驱使的运动编写成屏幕上的简单模式和路径。似乎有种掌控万物的感觉，我在这次机会中施展神力，掌控整个太阳系和世界的生与死——全都是自己的双手创造的，就在显微镜的载物台上上演着。

不论什么原因，这样的吸引力都是非常强烈的。围绕着那些致力于驯化引力相互作用无尽变化的挑战的人，他们的科学文化是独特而又美妙的。[①]通过模拟一系列看上去无尽的、真正的和想象的行星系统，科学家们可以验证几乎无法研究的假想。严格来说，在过去的几十年里，数名研究员采用这些模拟器观测了假想的、新形成的行星系统。

正如我之前提到过的，我们认为行星形成的基本机制，是通过从围绕着初生恒星的大气尘埃盘逃逸出的物质凝固结合而成的。但这些盘相当短命，

---

① 行星动力学的语言非常特殊。人们谈论这些事时总会描述共振、岁差、天平动、密切元素、拱点的对齐、近地点的争论、谐波、长期摄动，以及不断被提到的混沌。很多这些短语都来自其他纪元，可以回溯到18世纪和19世纪的牛顿、拉普拉斯、拉格朗日和其他数学家的思想。那是个数学概念丰富的时期，而应用于地外行星科学的大量爆发的发现给我们带来了很多惊喜。——译者注

就像你从浴缸的泡泡水里吹出的最后几个打旋的泡泡一样——但它们不会被冲进下水道，而是因恒星光的强烈能量而结束了自己的生命。虽然行星在这些盘中组成，但它们多多少少会被自己周边大量的气体和尘埃困住，留在轨道路径中。但当这一物质温度过高时，行星只感到彼此之间的拉力，并开始决定它们自己未来的道路。

很多科学家已经意识到在这样的情况下，行星系统可能会经过一段时期的早期混沌[15]或者不稳定，直至足够强大，引起大规模的轨道重排甚至整个世界的分崩离析。这像是史前的极端版混沌，我们自己的太阳系未来可能会慢慢走到这一步。

这似乎是个经不起推敲的幻想，但随着越来越多的计算机模拟被用来研究数量巨大的行星不稳定性的可能结果，显现出一个令人震惊的情况。不稳定的初期行星系统最终变成了我们在真实宇宙中发现的同类地外行星系统，有非常椭圆的轨道和热木星。它们同样造成了将行星丢进星际太空中的情况，而我们确实在那里发现了它们的踪影。

计算机模拟这一过程几乎是魔幻的。随机制造 1000 个虚构系统，将它们丢到电子魔术师的帽子里，让它们的轨道轨迹在相当于 100 万～1 亿年的时间里自由地演化，接下来看看会剩下什么样的行星构造。从统计学角度来说，留下来的这些非常匹配我们已经发现的成百上千个地外行星系统的性质。

接下来是另一种概念化这一切的方法。一个早期的不稳定行星系统可以被认为是"炙热的"，就像一杯茶或咖啡是热的。跟热饮料一样，这些热的东西慢慢都会冷却下来。在一杯液体中，冷却伴随着最热的、移动最快的分子被蒸发，并伴随着热能以红外光的形式辐射掉而发生。在一个不稳定的行星系统中，"冷却"随着部分行星被释放到星际太空中、被拖入中心恒星中或与其他行星发生碰撞而发生。所以一个有着很多行星的"炙热"系统变成了没有几颗行星的"冷却"系统——从拥挤的、不稳定的早期最终缓缓地进入宽松的、稳定的中期。

这在我们的星系中真的经常发生吗？有多少系统在它们的早期阶段是动态的、炙热的呢？目前的研究都表明，大多数——将近 75% 的行星系统经历了早期极其不稳定的一段时期。这种级别的无序是一种值得注意的主张，而它似乎与现实非常匹配。星系和宇宙中不仅满是绕着恒星的行星，而且大部分行星存在的系统与刚诞生时的构造差别非常大。

这使我想起古希腊的原子学家设想出的多元世界论。这些老旧的想法现在已经被修改为从炙热到冷却都包括多样性的动态演化。每一个行星系统都有其独特的遗失或毁灭世界的故事，紧随其后的是一段平静的时期。然而，在非线性的轨道机制中，没有什么是真正有保证的，今天的平和可能会让位于混沌的未来。

这是过去 20 年行星科学中最令人震惊的发现之一。虽然发现少数系统经历过"炙热的"轨道不稳定时期没那么令人惊奇，但这一发现影响了超过 2/3 的系统，迫使我们描述行星的方式发生了真正的模式转变。某种程度上，这一行为是我们随处可见的大量行星的直接结果，充分表明行星的形成是非常有效率的。拥挤地围绕着一颗新的恒星的年轻行星越多，它们越有可能会随着引力拖拽它们的同胞而使自己步入混沌之中。

这一模式也使我们的重心回到了我们自身的环境上来。我们已经发现太阳系表现出了一点混沌。但与很多其他系统相比，太阳系似乎在动态时期也相当平稳。所有大行星的轨道如今都是比较温和的椭圆，行星的排列也很稳定：更小的岩石行星排列在系统更内层，巨大的行星排列在系统的外层。

这并不是说早期的太阳系没有经历过变化。由多名科学家提出的一个先进的理论[16]试图通过调用海王星和天王星轨道大小的巨大差异，来解释当前的大行星构造，以及小行星带和遥远的柯伊伯带中的小型天体分布。事实上，这一理论提出海王星和天王星曾经交换了位置，因为这两者都从起初更加紧凑的结构中向外发生了迁移。随着重新排列的上演，天王星最终到了现在的轨道，而海王星跨过天王星轨道，成为离太阳最远的大行星。

在这一时期，土星的轨道向外移动了一点，来到现在的地方，木星则向内移动了一点。正如任何机械系统一样，你无法不通过力的交换就移动物体，类似杠杆原理。在这种情况下，部分杠杆或者交换被重新分配给小得多的天体——成百上千的冰团和岩石小行星，它们会互相传递小的推力或拉力，跟它们与较大的星体之间的引力相互作用一样。

轨道形成并稳定下来发生在大约40亿年前，就在原行星气体尘埃盘发生扩散的几百万年后。重新排列的最后推动会有助于形成最终的清洁，将主行星形成时留下的物质碎片打扫干净。但如果真的发生这些，它在大规模的动力不稳定性尺度中的排名会很靠后，将太阳系放置于一个不冷不热的环境而不是热得灼人的等级中。

另外一个关于太阳系历史早期阶段的假设是由动力学家戴维·内斯沃尔尼（David Nesvorny）[17]近期提出的，这一假设在某些方面表明太阳系更加活跃，没有那么不平凡，也没有那么重要。在这一假设中，早期的太阳系包含的不是 4 颗大行星，而是 5 颗。第五颗大行星可能是大型的冰体，质量在天王星与海王星之间，轨道位于土星之外。

像这样由围绕着早期太阳的气体和尘埃形成天体是非常有道理的，也给我们的太阳系轨道史添加了一点其他的佐料。内斯沃尔尼对这样一个系统随后的演化进行了模拟，推演出第五颗大行星受到了木星引力的用力拉扯，最终，这个力将它全部喷射到了星际太空中。但在这样的模拟中，留下的大行星的排列通常在统计学上是非常匹配我们现在所知道的构造的。换句话说（或者相反），这颗额外的行星的存在可能只是"谨遵医嘱"而已。曾经有第五颗大行星，现在没了，这似乎增加了早期太阳系最终成为现在的太阳系的可能性。

这是个相当有趣的反转，也提醒着我们，我们至今仍然不知道 40 亿年前人类自身的系统中到底发生了什么。可能目前地球这种温和的动态状态要归功于过去那个非常暴乱的、炙热的动态。可能我们把一个姐妹世界丢到了真空中。自然选择的残忍冷酷也在行星上发挥着作用。

太阳系的过去与大部分行星系统发生的事相比可能相当温和，我们今天相当圆的、排列得很规则的行星正是这一现象的反馈。所有这些将我们带往我所讨论的症结，并且很显然：太阳系的结构给我们提供了一个特殊的"指纹"[1]，从而第一次允许我们做出关于唯一性的有力声明。

这一"指纹"最简单的部分是行星轨道的形状和方向，以及行星的位置和种类。单从轨道结构来看，似乎我们的太阳系属于那 25% 的行星系统，

---

[1] 表示其性质唯一，宇宙中没有与之相同的。——译者注

即在过去从来没有过特别混乱的时候。我们的系统也不包含任何在地球质量
与结冰的巨大的天王星、海王星质量之间的行星。这些大行星大约是地球质
量的 80～100 倍。这意味着在我们这个小的岩石世界和任何更大的世界之
间存在着一道鸿沟。

　　我们现在认为处于中间范围的行星，从超级地球到小海王星，是所有行
星种类中数量最多的一种——可能远超过大行星数量的 1/4 或更多。然而
太阳系中没有这样的行星，而如果没有发现围绕着其他恒星的这些行星，我
们可能永远不会想到这样的世界。目前，预计超过 60%[18] 的其他太阳类恒
星都占有至少一颗这样的中间范围的行星。

　　无可否认，我们很难将所有这些统计组合到一种细致的方式中。比如
说，我们并不真正知道系统的动力不稳定性是否在某种程度上与容易形成超
级地球和迷你海王星的性质有关。所以就像看到花园一角的花，也许它们只
是偶然出现在那儿，也许它们的数量众多是因为这一角落被看不见的园丁悉
心照料。不论如何，很显然在这些情况中，太阳系仍然有些不寻常，有点像
局外人、异类的样子。

　　简单起见，让我们假设轨道的结构形态与系统中的行星种类没有很强的
相关性。从某种程度上来说，这一假设可能是不正确的，但这样的假设回避
了更加复杂的分析需求，可能不会改变广义上的结论。所以，我们结合上述
情况的概率得出结论：人类生活的太阳系属于最多只占 10% 的那一部分。
进一步考虑，我们可以在该统计方程里添加一些其他的简单情况。

　　比如，我讨论过我们的太阳系中最多有多少恒星比太阳小——大约
75% 的恒星。这些恒星也是无数行星的宿主，行星们似乎遵循普遍的炙热

早期与冷却中期的动态规律。所以如果暂时将我们的统计进一步融合起来，可以发现，我们的太阳系更像是属于 2% 或 3% 的那一部分——一种特定的恒星，带有特定混合和排列的行星。这并不是数学上严谨的结果，却是基于真实的数字得出的，并代表着探索、了解我们宇宙意义的关键部分。从整体上考虑，我们的太阳系是不平凡的。

我也讨论过行星拥有温度适宜的表面环境，能够留存液态水的问题。天文学家喜欢这样的观念，并谈到恒星周边的"适居带"[19]——行星温度处于水的冰点和沸点之间的轨道区域。表面意义上，这也显著地减少了太阳系和地球属于的那一部分的大小——要求行星轨道处于与母星恰好合适的距离。

很难精确地计算这样的数量，我也不愿意去做这样的事。老实说，这依赖于很多因素，比如行星的构成、大气及环境的稳定性，这些我在上一章都讨论过。我们也仍然在努力，试图理解我们自身的行星气候的基础。我们认为太阳在 40 亿年前大概要比现在暗淡 30%[20]，地质学的证据指向那时的地球表面液态水。问题在于，我们并不能完全肯定这是怎么一回事。甚至早期地球大气强烈的温室效应，都很难将其表面温度提升到足够温暖而又不从岩石记录中暴露自己的水平。部分研究者甚至认为地球的基本形状、大小以及云（是的，云）的性质都与几十亿年前不同。过去那些不一样的云使地球成为一个反射更少的行星，能够吸收更多的太阳光和能量。

我们也在火星上发现了更多的证据。火星正处于太阳系中温度适宜的轨道区之外，曾经一度存在很多液态水。它可能在地质学上并没有长期拥有这些水，只是经历了短暂的湿润期，但尽管如此，那时的火星条件比现在更易产生生命。

　　最终，从温度适宜的环境方面来看，我们很难知道该如何评估太阳系的与众不同。我会说在目前这一时期，基于现有的知识水平，我们无法用任何可靠的数字来衡量那些行星所在的温度适宜的区域的系统，因为那些温度适宜的区域本身就是反复无常的。然而，将太阳系温度适宜的行星环境的历史加入我们的计算中，可以想象，这会使人类处于一个在所有可能的行星系统中占比不到 1% 的部分当中。

　　但这些都只是统计学上的。什么样的特征真正决定了一个与众不同的系统独特而又详细的性质呢？为什么不管有没有特定的行星种类，它们形成系统的方式都是动态的、忽热忽冷呢？又是什么事件最终使像我们这样的太阳系和像地球一样的行星产生了呢？

　　毫无疑问，这些答案存在于一般物理学的引力系统中，存在于围绕早期恒星旋转的气体和颗粒固有的引力中，当它从星际物质这一盆冰冷的汤中将自己聚集起来时。但这个问题有很大一部分似乎来自纯粹的、盲目的、十足的偶然。

　　天文学家讨论到行星的形成是个随机过程，意味着虽然有潜在的可预测的物理过程，但最终结果从根本上来说是不确定的；在这里有一个随机因素的影响。我可以告诉你大体上发生了什么——物质沿轨道运行、发生碰撞、结合到一起，而天体互相影响、散开、成长并毁灭，但我无法预测每一个新的世界或物质团会发生什么。这就像是无解的多体问题。

　　最好的例子之一就是夜夜注视着月球，我们的月亮。我之前已经提到过，月球更像是早期的地球与另一个行星体发生宇宙碰撞的结果。这一理论最适合我们目前对月球和地球性质的理解，它们是大约 45 亿年前，另一个火星大小的行星与原地球发生碰撞后形成的。这一不幸的天体被我们称作忒伊亚（Theia）[21]，它在形成时可能处于与原地球同样的轨道区间，之后被独立到围绕太阳的位置。

随着时间的流逝，引力的变化使这两个新生的天体越靠越近，直至最后这一对翻滚着的巨石撞进彼此。最终，月球变成了环绕地球的残骸——混合着忒伊亚和原地球因猛烈撞击而溅出的外层。

这样的事件对行星系统形成来说可能一点都不罕见。这代表着暴力和轨道碰撞的结束，而我们认为，在使小型岩石行星完成最后的接触上，它们起着重要的作用。但这并不是最终的结论，只是高度随机事件的一部分。地球和月球可能只是相对普遍的行星—卫星构造，但绝不保证在任何特定情况下都是如此。

这一特点正是非线性的另一方面，行星系统的混沌特性。另外，还有一点：好的细节决定了与引力相关性较小而与行星大小和组成相关性较大的结果。比如，两个天体的物理碰撞不仅仅取决于两者之间的距离，还取决于它们的围长：它们够不够宽，能不能覆盖到彼此？如果可以，碰撞是会导致它们融合成一些新的东西，还是变成更小的碎片？

如果试图从宇宙气体和尘埃及类似地球的行星中找出起因与结果的关系，那么我们面临着一个巨大的挑战，但事情就是如此。同一时期，我们也需要认识到，仅仅因为通往最终状态的路径是不可预测的、随机的，并不能说最终状态是不可预测的，这一点很重要。我没法着重强调这一悖论，因为当讨论到超出行星系统范围的事情时，我们都会遇到这一特征。

　　思考自然系统的进化方面的一种方式是，想象你站在一大片需要穿行过去的森林入口处。你可能有很多条路可选，其中 90% 的路可能会使你穿过树林到达另一边，而另外 10% 的路可能会使你在树林里迷路。你有很大的概率会穿过这片森林，但你仍然只能随机挑选一条路。即使你很幸运，你也可能每次都会出现在一个不太一样的地方。行星产生的过程与之非常相似，而正如我们将会看到的，这也是生命现象产生的过程。

　　我们毫发无损地完成了天体力学动态性质的概要旅行，你可能试图长舒一口气。但恐怕行星系统的另一方面又为其增加了一层复杂性。不管行星、小行星、彗星和尘埃是围绕着一颗恒星还是多颗恒星旋转，我们总是倾向于认为这些系统是封闭性的。它们应该是独立的生态系统——除了偶尔向外发射出一两颗行星。但事实上，这可能并不正确。

　　太阳系的内部区域一开始相当紧密，之后开始有固态物质侵入其中，可能有部分星际尘埃时不时地进入。除此之外，唯一重要的入侵者就是常见的彗星。回到之前我描述过的系统排列那一部分，我提到过奥尔特星云，把它假想成星系最外层的"容器"，装满了几千亿冰冻天体，在太阳系早期的全盛期飞入遥远的、缓慢的轨道。不时地，这些古老的原料之一坠入某一轨道，被带往星系更靠里的地方。这些事件产生了一个特殊的、被称为长周期彗星的群体。这些彗星提供了一条关键线索，证明了奥尔特星云的存在——离我们大概 1 光年之远，恰好位于我们与另一颗恒星之间。

　　但这一假设长期以来一直存在着一点问题。有太多这样的长周期彗星被太阳系形成时期的遗留物所占有。奥尔特星云如果从我们的行星系统诞生之初就只向外扔出物质，它将无法包含足够的彗星天体，从而成为我们所看到的那样。

这一矛盾很长一段时间内都困扰着天文学家们，但最近，科学家哈尔·利维森（Hal Levison）[22]和他的同事想出了一个可能的理论。它依赖于一些我们早已遇到的事情——太阳与其行星诞生于一批姐妹太阳中，而这些"姐妹"早已在星系中分散或遗失了。

利维森和他的同事们应用引力计算机来模拟演算这一问题，追踪在一群姐妹恒星中绕恒星旋转的行星轨迹，以及冰块型、类似奥尔特星云残骸的路径。他们的发现十分惊人。由于恒星群诞生时非常紧密，接下来发生的事就像我们在漫画里常看到的冲突一样。

很多来自单个恒星周围的冰类碎片因为引力作用逃离开来，形成了一大片围绕整个恒星家族旋转的原料云——任何一个电视迷都能认出那种夸张、模糊的东西，有时让人赞叹，有时让人惊讶。之后，随着恒星持续在这片云中四处移动，它们会再次大量地"吞下"那些原料。有时，它们也会特别靠近另一颗恒星，这时它们可以窃取更大量的小碎片，依靠引力抓住它们。

所有这些争执的要点在于，恒星有机会在奥尔特云中累积更多的原料，比它们在完全孤立的情况下累积的多得多——这足以解释我们在太阳系中所看到的情景。我们还不确定这是否就是事实，但这不失为一个有吸引力的解决方法，解开了一个谜团。

我想强调其中一点，因为它事关人类理解宇宙意义的探索，如果上述理论是正确的，研究表明，高达 90% 的奥尔特星云起初是在太阳系以外的。我们的太阳系最外围不是太阳系自己的；相反，它们是太阳系在疯狂的年轻时期从别处借来和偷来的物质。与此同时，太阳系自身的冰类残骸已经飘散到其他地方去了，被其他恒星窃取和借用，或者只是留在星际太空最深处等死。简而言之，太阳系是一艘漏水的船，大量外来的东西渗进了船舱。

字面上最接近事实的是长周期彗星——那些来自奥尔特星云的冰类天体，它们可以到达包括木星轨道甚至地球轨道的所有位置。当发生这样的情况时，它们表现得好像彗星必须如此：太阳辐射会导致挥发性的冰块变成气体，蒸发到行星际空间中，并且带走同属于母体的尘埃。这已经上演了几十亿年了。

如果哈尔·利维森和他的同事们是正确的，人类所处的环境定期地受到其他"太阳系"的化学物质污染，那么太阳系不只是反复无常，其当前的物理物质也远非本土的了。

我们只是一叶扁舟

设想一下，如果亚里士多德、托勒密、哥白尼、开普勒和伽利略已经发现了世界的这些事实，将会多么不一样！尤其是，这些新的被理解的太阳系特征进一步摧毁了那个迟迟未决的观念，即人类存在于一个永恒的或者被精确调整的位置。这一观念在混沌领域处于相当靠下的位置，但显然不是最底部，它过去是，现在也仍然是不断波动的。

轨道动力学的观测表明，人类在宇宙中的地位与那些早期思想家和科学家推测的结果惊人地不同。单纯将地球从宇宙中心的位置移开几乎不影响找到明确量化的宇宙意义的方式。我们是一叶扁舟，漂浮在有无数路径和可能性的汹涌海面上。但与此同时，这不只是随便哪艘旧船。我们现在知道，太阳系多少有些与众不同，也有数据来支撑这一观点。

现在，当然了，论证我们的栖息地是不是临时的或不寻常的并没有什么关系。个体的人类生命与宇宙相比完全不可同日而语。即便是哺乳动物在过去 2 亿年里的整个进化史与恒星和行星系统的时间相比，都只不过是沧海一粟。

但人类这一物种并不是从荒芜之地突然出现的。地球（我们会看到）与生命在几乎 45 亿年的时间里有着一段错综复杂的历史。没有这些背景，我们不可能存在。然而本土的化学和生物历史也是非线性的，有时会朝向混沌发展，就像我们的行星轨道一样，最终由同一潜在的数学性质控制，这正是让庞加莱付出血本的那一性质。

大部分复杂的生化故事都在一个与宇宙层面不同的、深入微观世界的层面发生。这就是我们下一章要介绍的。为了找到与众不同的太阳系与生命的存在之间的联系，需要确保我们理解生命究竟是什么，以及它与行星、宇宙的关系。

THE
COPERNICUS
COMPLEX

如果，哥白尼错了

PART 2
生命是复杂的，也是稀有的

如果必须说出两个能够精确、乐观地总结人类这一物种的特点，我会说是想象力和不安感。

05

生命的算法

我们是孤独的吗？

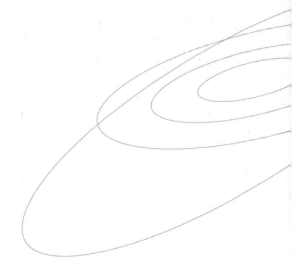

令人吃惊的是，直到最近我们可能才更多地了解地球大气之外的宇宙，比我们对所知的陆地生物的大量复杂性质还要了解。但现在，在望远镜和显微镜被发明后，在列文虎克第一次观测到微观世界的 4 个世纪之后，面纱被揭开了。在我们眼前就有一整个其他世界，一个隐藏的维度；在复杂的、群居的世界中，由分子、细胞膜和细胞组成的生命每天都出现在我们的眼皮底下。在这个独特而又神奇的地方，我们会发现关于生命与宇宙基本性质之间的联系这一方面最为重要的线索。

人类对陆地微宇宙的完整了解还有很长一段路要走，但我们已经设法发现了很多重要特征。其中之一与宏观生物界有关。我们现在认为地球上的生物可分为三大类型，这是有机体（organisms）的独特蓝图：细菌（bacteria）、古细菌（archaea）、真核生物（eukaryotes）。（病毒究竟应该归于哪一类，甚至它们是不是活物仍有争议，所以目前将之单独归为一类。）这三种生命形式由于基本细胞结构即遗传密码不同而得以区分。

简单说来，细菌和古细菌是"简单的"、小的、单细胞的生物。它们能够作为个体存活下来，但更多的时候是以群体形态存在。它们的遗传物质被松散地包裹在内，而它们的细胞往往不含有任何多余的复杂内部架构，也就是叫作细胞器的东西。相比而言，真核生物的细胞要大得多，也复杂得多，包含细胞器，并将遗传物质绑定在细胞核内。正如我们将会讨论的更多详细情况，共生（两种或更多的生物合作）的进化祖先显然将一系列附加能力遗传给了真核生物，包括有效的能量制造机制和伟大的多细胞体。人类和所有的动物、植物、昆虫，甚至微小的真菌都属于真核生物。然而我们这些真核生物仍然严格依赖于共生伙伴，即单细胞王国的生命，而我们将在探索人类微生物时看到这一切。

单细胞生命形式（广义上叫作原核生物）代表着地球上最古老的生命形式。细菌只有几微米宽，它们有多种类型，如球型、管型、杆型和螺旋型等，它们有时可以通过旋转的鞭状尾巴（鞭毛）来驱使自身移动。另一古老领域的生物，同样微小的古细菌给我们上了极度谦卑的一课[1]。直到 20 世纪 70 年代末，我们都没有将它们视为真正的生命形式，相反，只是假设它们不过是另一种摆动的细菌。然而，它们并不是。它们大部分的细胞结构，甚至它们的推进尾都与细菌的不一样。它们也倾向于"远离陆地"，生活在不可思议的环境中。它们通过消耗原始的、简单的化学物来做到这一点——这一特点进一步支持了它们的族谱能够追溯到非常久远的过去这一观念，在那个时候，唯一的食物就是无机物。

人们很容易认为这样的生命形式在功能上是原始的，并且在形式上是远古的。才不是！每一个微小的个体都是一个错综复杂的自然产物。甚至明明看似很简单的尾巴，都是由复杂巧妙的分子以等同于电子马达的方式推动旋转，每分钟高达几百次。我们会看到，它们的全部能力给人留下了更加深刻的印象。

它们的数量也很多。我们目前估算，地球上有大约 10^{30} 个单细胞生物[2]。它们的遗传多样性令人震惊，至少有 1000 万种不同的物种，可能更多。在过去的 30 ～ 40 年里，我们已经发现很多这类微生物生存在人类无法容忍的环境中——极端的温度、压力、化学毒性，有时三者兼具。这种韧性使得微生物生命占据了地球上几乎每一个不起眼的角落，气候温和的或者条件恶劣的，只要是地球能提供的。这类生物不但是目前为止地球上最多种多样、最广泛的，同样也是行星生物的主要部分。

大部分这一生命延续甚至不会占据当前的地球表面。海洋环境，尤其是海洋的上表层充满了微生物。更深处，海底的沉积物和岩石给生命提供了一座虚拟都市，覆盖了地球的 70%。其中很多都是稀少的、缓慢的生命。但接近大洋中脊的火山带，这一区域占据了这颗星球上一片约长达 6 万千米的范围，这里的生物可以发展成绿洲般的群体。在这一大陆板块，生物存在于土壤和冰块里，也存在于满是裂缝的微观丛林中，延伸到行星表面。研究者已经在早期火山堆的玻璃质玄武岩中找到微生物的证据，在那里，这些微生物依赖岩石而生。

如果 100 年前某人被问到地球上的生命是什么，他的答案可能包含植物或昆虫——但显然没有细菌，更不用说这 10^{30} 个微生物生命了。我们现在知道，它们大部分都生存在地球表面我们看不见的地方。然而这蓬勃兴旺的、充斥各处的"人口"是我们存在的关键，也是"我们的意义"这一问题的关键。正是这些细菌和古细菌包含着地球上生命的秘密——获取能量和物质、创建生物结构、应用一些我们所知的最神奇的化学小花招。事实上，我们的世界中最引人注目的方面——从大气到海洋，以及岩石和土壤的化学，已经无意识但又出色地工作了 40 亿年，这一切正是这些微生物群体造成的。

微生物引擎，不断重复的调整

想要把纯粹的生命融入行星系统中，需要一些重复的调整。对我而言，我之前对这颗星球上生命性质的狭隘理解[3]在 2008 年受到了巨大的冲击。当时，我正在读一篇《科学》杂志上的文章，这篇文章由生物学家、生物海洋学家保罗·法尔科维斯基（Paul Falkowski）、海洋微生物学家汤姆·芬切尔（Tom Fenchel）和爱德华·德朗（Edward Delong）所著，名为《微生物引擎促进生物地球化学循环》（The Microbial Engines That Drive Earth's Biogeochemical Cycles），这篇文章的直接描绘指出了这些讨论的根本错误。

这些"微生物引擎"是什么？不假思索地说，它们大部分是由复杂分子结合在一起的蛋白质形成的。高中生物老师教过我们，蛋白质是由排列成链状序列的、更简单的分子聚合物氨基酸折叠组成的。在陆地生物化学中，相关的氨基酸有 20 种分子结构，每一种都包含 10～27 种元素分子，比如碳、氢、氧、氮和硫。它们是细胞的基本构成要素，就像乐高积木块一样，所有生物体内的遗传密码都提供了将这些片段组合在一起的指令。

由氨基酸建造出的蛋白质是生物化学的基本。它们像催化剂一样促进化学反应，并且能够聚集在一起，形成更大的结构。如果它们结合在一起，成为"多聚体蛋白化合物"[4]，它们就变成了成熟的分子机器——这是个复杂精巧的自然工程，由不停歇的选择和进化运动形成。它们是所有生命的基础部分。确实，在一些单细胞微生物中，蛋白质占据有机体干质量（dry mass）的 50%。

部分蛋白质基结构之所以获得了"引擎"的称号，是因为它们参与了新陈代谢这一根本功能——制造有用的化学能并合成新化合物，正是这一过程驱动着每一个生物。

　　这再一次带我们回到了高中科学的基本知识：什么是燃料？什么给予了这些引擎动力？最终我们将之归结为两个最基本的物理单元——电子和质子的移动和转移。化学的生命是由这些带电粒子的交换和流动支撑的，我们称之为氧化还原反应。

　　如果合适的分子距离彼此足够近，并有恰当的能量触发，这些反应就能够自发地进行。比如，给予一些热量，甲烷会在氧气中燃烧。我们总是在厨房用天然气炒菜或者在学校实验室燃烧本生灯时目睹这一反应。最终的结果，是碳和氢原子与氧绑定在一起，并在该过程中丢失部分电子。（事实上，术语"氧化"已经有点过时了——在这类反应中真正发生的是，原子失去或转移了电子。）带电粒子的转移意味着产生了能量流，能够给其他过程提供动力。

　　但并非所有的反应都能自发地进行，它们需要进一步的刺激。这就是生命所做的：分子引擎利用反应催化它们，并为生命自身提取一些电子能，通常将这部分能量存储在其他分子中，这些分子会将其传送至生命的其他细胞中。这就是地球上给生命以动力的东西。事实上，分子引擎不只肩负着这一重任，还会将化学燃料聚集到一起，设计、制造出条件来促使反应发生——它们的代谢变化了。

　　然而，有一点非常重要，所有这些化学反应，这些电子或质子的转移，都将一系列原料转化成了产物。所以，如果地球上原始的、活跃的化学物质对生命的使用来说是有限的，那么它将会随时间流逝而耗尽。但地球不是稳定不变的，地球的物理活动——从火山喷发到板块运动，会将有机沉积物及其化学组成物回收，带回地球表面；大气中阳光驱使的化学反应也会不断地制造出新鲜的原料。

问题在于这些过程非常缓慢，要耗费几百万年的时间才能大体上重新填满化学储物柜。生命在大约 35 亿年前诞生，并从那时存活至今，那么当地球旋转逐渐慢下来时，它一定找到了其他的供应方式——它确实找到了。这正是我在阅读法尔科维斯基、芬切尔和德朗的研究时所经历的恍然大悟的一刻。他们的研究解释了，生命的分子引擎如何进化形成显著互联的系统，这一系统中的微生物在若干自给循环中催化复杂的还原或氧化反应。换句话说，分子引擎如同打火石一般，重复的化学链可能发生得很缓慢或者压根儿不发生。

作为新陈代谢的结果，像氢、碳、氮、氧和硫之类的元素会在分子和外界之间来来回回地穿梭。随着时间的流逝，地球表层和大洋的化学结构发生了深刻的变化，变成了某种没有生命存在就绝不会存在的东西。这就是生物化学。我们在地球上经历的整个环境，从我们呼吸的氧气到我们脚下的大地的组成，几乎都是这些互联互锁的循环的平衡结果。当然，我们并不独立于系统之外。类似我们的生命属于真核生物领域，拥有大的、复杂的细胞，这显然是大量胞内共生作用的结果——来自早期纯粹的单细胞有机物共生关系的同化作用。这种复杂细胞的生命几乎仅依赖于有氧呼吸和大部分碳分子能量源。这使得我们的亲氧体制成为有重要意义的组成，存在于广泛的新陈代谢循环系统中。

交替的自给循环

这一交替进行的自给循环是试图理解所有生命与化学和宇宙实体结构的

联系的关键，也是试图将人类自身在这一更加宏伟的篇章中定位的关键。这些新陈代谢的过程是有限的——至少在当今地球上发生的这些是有限的。原则上，也会有其他形式的化学反应发生，但地球几十亿年的进化最终集中于这一特别的形式。

我们可以将这些新陈代谢的方式想象成很多带有分子氧化剂的分子"燃料"组合[5]，分子氧化剂促使这些燃料发生"燃烧"。最常见的新陈代谢方式就是利用这样的过程，例如氧气呼吸、发酵过程、固氮作用、制氧光合作用及非制氧光合作用。其他的更加奇特：硫酸盐呼吸作用、二氧化氮呼吸作用，甚至铁离子或镁离子基的呼吸作用。有些细菌和古细菌专攻任意一种，或者有时采用几种新陈代谢的组合形式。比如，某些古细菌内的分子引擎可通过二氧化碳（氧化剂）和氢分子（燃料）发生反应生成甲烷和水。它们也能将乙酸分解成甲烷和二氧化碳。大部分我们可取得的甲烷，以及（必须坦白的是）由人类和很多其他动物制造出的甲烷都来自这些繁忙的、小小的古细菌。这种新陈代谢的过程叫作甲烷生成[6]。

最主要的是，这些反应还包括固碳作用——将简单的非有机碳源，例如二氧化碳转化为有机化合物。这对全球的生物圈来说非常重要，因为碳化学是地球上生命的最基本所在。总的来说，我们发现了十大重要化学过程，代表着地球上生命的新陈代谢概况。这就是电子能和原始材料被有机物获取的大致方式。

然而，所有这些过程都需要与嵌套循环的系统共同合作，这一系统共享于所有物种之间，广泛地分布在整个星球上[7]——这可是件美好的事。打个比方，某些古细菌利用分子引擎来制造甲烷，这样的过程在其他古细菌和细菌中可以被反转过来。它们通过分解甲烷，并将之还原成碳氧化物和氢来提取能量。一些物种的排放物是另一些物种的食物。

其他大部分过程都是类似的反转。如果一种微生物没有简单的、相应的另一种微生物来直接反转其机制，那么就会有一系列连锁反应发生在很多不同物种之间，使这一反转过程一步步地完成。参与反应的有机物甚至不需要与其他几种距离很近，不论是时间还是空间上。比如，甲烷在地球上某个地方被某种有机物制造出来，但人们可能会在完全不同的其他地方和其他时间发现其相应的消耗者。

这听上去很不错，像是一台持续运转的机器，而在这台机器里的某种有机物制造出了食物，提供给另一种有机物；同时，另一种有机物反而将其转化回去，并进行能量的提取。这台机器会一直运转下去，除非整个行星的新陈代谢不是个封闭系统。这一切最终由两种我曾提到过的能量源驱动。第一，地球由于其当初暴力的形成和辐射的增加，内部仍然非常炙热，每年有30万亿～45万亿瓦的地热和地化能量被传输至表面。第二，地球表面也从太阳那里吸收了大概9亿亿瓦的能量。这些能量的输入远远弥补了生命交替循环的新陈代谢中因效率低下而引起的损失。

这是个美丽的系统，但理解它只是为"所有这样的微生物工程如何卷入其中"，以及"它是如何在过去30亿～40亿年的行星环境变迁中存活下来的"这样的问题做好了准备。答案必然就在于，小部分分子引擎（最主要的蛋白质化合物）究竟是如何在单细胞微生物有机体的遗传物质中解码的。

基于岩石化学的地质学研究和基因研究，我们相信，为这些机器编码的大部分DNA是非常古老的。有些在石头上非常直接地留下了它们的痕迹，比如，由整个生态系统造成的矿岩层曾经改变了地球上大洋和大气的化学平衡。所有这一切，都在现代生命的基因序列里留下了痕迹。

部分引擎需要明显的遗传信息来编码它们的结构。比如说，制氧光合作用是已知最复杂的自然能量转换过程，包括超过 100 个由基因描绘的复杂分子组合。然而，我们有证据表明，光合作用作为新陈代谢工具 [8] 至少在 30 亿年前就已经产生了。如此复杂精巧的分子工作方式显然早就在地球的生命历史中发生了进化。

了解所有这些新陈代谢过程的起源是了解生命本身起源的关键，生命起源至今仍然是个谜。但并不是说这没有理论和假设。举个例子，有些科学家声称，在细胞壁里的化学和电荷梯度，与在深海热泉喷口系统 [9] 中找到的化学失衡和矿物的微观结构有着惊人的相似。这可能暗示着生命起源潜在里有着无机模板——换句话说，是由地球物理和地球化学绘制的蓝图。

早期生命与非生物矿物结构和化学之间类似这样的暗示是非常有趣的，但到目前为止，我们没有任何明确的证据来证明这一联系。其他的想法还包括在早期有机化学的复杂阶段，氨基酸反应网络是由硼和钼在水环境中催化导致的。生物的基本信息，从脂类到第一个核蛋白体结构（有助于蛋白质合成），可能都是来自这些反应链。

确实，陆地生物的来源很多。在此情况下，我们需要知道生物学角度上有用的分子部分是如何聚集到一起、形成不同的起源并制造出适应性更强的东西的。幸运的是，自然本身提供了一些线索。

微生物（假设它们的祖先相同）因一种被称为"横向基因转移"（在物种之间的遗传物质片段交换）[10] 的机制而臭名昭著。（这有点像是商业名片，或者一些精巧的设备原型交换。）结果，追踪何时、何地这些特定的基因如何出现的侦查工作只得妥协。然而这种杂乱的行为有一个非常重要的结果，这一结果有助于指出生命的历史。从关键基因角度来说，广泛的基因共享显然保证了所有生命在各个地方都有很多关键基因。

如果你乘船前往深海，舀上一瓢冰冷的海水并带回实验室，你往往能够发现大部分不在陆地表面存活的细菌或古细菌。比如，你会发现所谓的嗜热菌，这种生物要求非常高的温度来进行新陈代谢和繁殖；或者你会注意到一些其他放错位置的有机物。不管冰冷的海洋环境对这些生命形式的生存来说有多么不可能，它们仍然存在于你的样本中。

你前往地球上的任何地方，几乎都能发现等价于微生物遗传物质的东西。大部分门（phyla）的代表物种都还存在，即便它们并不喜欢时下的条件。也有一些例外：最近的研究表明，地球的两极区域可能有一些细菌在其他任何位置都不存在。但有些限制仍然使得微生物在非常广泛的地理范围内扩散。

这是有意义的。微小的有机物可以通过空气和水在全球范围内轻而易举地传播转移，它们有很长一段时间来潜入各个角落。更重要的是，不只是微生物散布在整个世界——基因，新陈代谢的分子机制结构也散布在整个世界。关键的遗传密码组描述了这一引擎，它有效地创造了这个世界，正如我们所知的那样。法尔科维斯基和他的同事们称其为"核心行星基因组"。这真是个绝妙的名字。

微生物携带着核心行星基因组存在于各地，这一事实提供了一个相当好的解释，解释了生命的基本新陈代谢过程是如何在过去几十亿年的时间里完好无损地保留下来的。这些微生物在所有的地方都保存了它们的密码备份。我们假设一颗直径 10 千米的流浪小行星撞上了地球，其能量相当于 100 万亿吨炸药。这就是我们常说的"恐龙灭绝"，就像 6500 万年前，撞上尤卡坦半岛并使大量生物加速灭绝的那颗。让我们想象 5700 万年前或者更早，地球表面大部分地方都是冰冻的，处于名为"雪球地球"[11] 的时期之一，无数的有机物会死亡，全部物种都会消失，再也不会出现在这颗星球的历史上。

然而，地球的某些地方总会有细菌或古细菌携带着部分核心行星基因组，即新陈代谢分子机制的指令。它们微小的身体扭动着，渗入每一个裂缝、山洞和海底，甚至到达天上由水汽形成的云里。单独的个体可能存活的时间并不久，但没关系——几十亿、几万亿的它们就如基因保护者般守护着基因，度过上亿年的岁月。确实，某些物种携带不止一种核心基因，更不用说用于它们自身新陈代谢的那些了。

这非常不诗意，但这一情况是对优美的分布式计算网络的模拟。今天，当你下载电子书或音乐文件，甚至用手机拍摄照片时，通常手中都只保留一份副本。另一份副本要么已经存在于电脑上，要么被上传至网络存储于另一个存储设备中。这还没完。这些"在云端"的副本会自我复制、拷贝到不同的设备上，通常被上传到大型服务器群中，这些服务器群可能坐落在大陆的另一端。通过这种方式，直到世界末日来临前，这些数据都是安全的。如果一部分副本因停电或黑客攻击而受损或被毁，这没关系，因为在其他地方还有一份复制品。

正如计算机系统并不自知地携带着这些我们存放于此的信息，我们也可以认为微生物只是简单地携带着新陈代谢机制的信息，慢慢穿越地球，穿越时间。我们不知道这样的存储方式到底有多么适应环境。它当然会有问题，毕竟经历了三四十亿年的时间，总会有些小毛病的。但总体而言，它似乎为生命安全的中央机制保留下了整体计划。

不值得一提的是，核心行星基因本身并不需要是完美的。这些由密码演绎的新陈代谢机制经常不如我们所期待的那样有效或简单，无法达到理论化学模型那样有效。比如说，发挥制氧光合作用和发挥固氮作用的分子结构都不能毫无阻碍地完成相关程序。自然的光合作用不像理论上那么有效，而今天的固氮生物有时会通过生成一系列固定蛋白质引擎来减缓反应性氧化物的危害，以保证任何时间都有足够的蛋白质在工作。这些机制的密码在几十亿年的时间里基本没有变化。似乎假如有什么东西能优秀地完成这样的工作，那就是它了。

所以不管生命的化学起源是什么，一旦早期的生命和什么好事（某种成功的策略）锁定到了一起，它就会广泛地传播。这使得乐观主义者认为，遥远的过往从未被擦除过。我认为这也给我们提供了一种可靠的假设。虽然特定的生命新陈代谢机制可能处处不同，但地球生态系统的整体架构也许指出了一个宇宙模式。换句话说，核心行星基因组的成功和其绝妙的容错系统，可能代表着任何地方的任何生物圈都需要的一种运转方式，以便它们长时间存活下去。任何地外行星的生命，可能都需要拥有自己的核心基因组和分布式备份系统。

这将使我们来到故事的下一部分，这部分包含着将地球生命与宇宙秩序联系到一起的事物。

生命的乐高，我们生活在碳化学的宇宙中

我们星球上大量的分子机制都采用相同的化学构成要素进行工作，即那些"乐高积木"。当然，也有一点小小的区别：古细菌使用特定的"镜面"分子——右旋氨基酸。与此同时，其他所有已知生命都使用左旋分子。但这只是结构上的不同，并不是基本化学组成的不同。任何声称有生命拥有某种非传统生物化学的说法，目前都尚未被证实，我将会在下一章谈到这个问题。

从宇宙的角度看，这一切都不奇怪，原因在于地球上生命的化学似乎和宇宙所占据的化学是一样的。为了解释这一现状，请允许我带你去看看我们最古老的祖先——创造出宇宙的分子。让我们回到 138 亿年前宇宙大爆炸的那一刻。

宇宙刚刚诞生时有氢元素，也有氦元素。但大爆炸发生几十万年之后，在早期宇宙的寒冷真空中，活性的氢是有着最光明未来的元素，而惰性气体氦几乎保持着独立的原子状态。因为氢元素非常有形成分子的潜力，首先自身组合形成了 H_2——氢分子是产生恒星、重元素，以及开启所有化学的关键。这里有一个不为人知的小秘密：恒星天体物理确实起源于分子化学。

这是因为单一的氢原子在宇宙里四处乱窜，别无选择地丢失了部分动能。如果物质无法冷却下来，它就无法形成凝聚的结构，比如尘埃或恒星。即使氢原子与另一个氢原子相撞，也无法有效地使它们冷却下来——这只能发生在它们将能量转换成光子并释放到太空中的时候，这些简单的原子不会轻易地做到这些。而 1 个氢分子包含 2 个质子，共同吸引着 2 个电子——这是另一个故事。

氢分子像一对被泉水围绕的球：就像字面意义上一样，它能振动和旋转，这为丢失热能打开了新的渠道。碰撞的分子将部分动能转化成振动和旋转，这些现象反过来通过释放光子来散逸能量。这些湿软的分子泉能使它们比像坚硬台球般的原子更快地稳定下来，氢分子便因此更快地冷却下来。

所以，一旦宇宙开始将氢元素进行组合，形成简单的分子，气体便会快速地使温度降下来。寒冷的气体无法抵抗引力的压缩作用，因此氢分子确实直接导致了第一代恒星的形成。最终，它也开启了所有重元素的生命。

这不是宇宙制造的唯一一种氢分子。如果探测分子物种的空间，我们会发现，在简单的双原子版氢分子之后，是最丰富的三原子版氢分子，其广为人知的名字是"质子化氢分子"，或者 H_3^+。它带有 3 个原子、2 个电子，由于丢失 1 个电子，因此整体带正电。

H_3^+ 值得引起注意 [12]。像基本的氢分子在冷却气体的过程中起到重要作用一样，它也极易发生反应，这是星际太空中发生的所谓分子—离子化学反应的根本。我们甚至在木星大气中发现了它的光谱特征。从各方面来说，如果普通的氢分子是宇宙的分子祖母，那么 H_3^+ 就是宇宙的分子母亲（见图 5-1）。

H_3^+ 促发的化学反应非常多样化。水的产生是一种可能的结果。另一个是氢氰酸，这是个我们需要小心的分子，但它也是其他生物分子前身中产生氨基酸的关键要素。甲醇、乙醇和乙炔 [13] 也来自 H_3^+ 促发的系列反应。随着接下来不断扩展的可能性，我们发现，它们直接导致了越来越长的碳基分子链的形成——这种结构与生物分子有着密切的关系。

注：反应可能导致碳分子链和
不同的分子逐步变大（图右）。

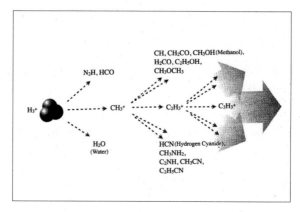

图 5-1　部分由 H_3^+ 形成的化合物

　　这一分子触发器是最终的宇宙化学基础的重大线索。碳，正如我所提到过的，是一种其外层电子恰好和总体大小有联系的原子，这使得它可以形成一系列令人震惊的分子架构。在 H_3^+ 的帮助下，在热力限制下的荒凉寒冷的太空中，似乎任何事都是有可能发生的。

　　确实，天文学家和天体化学家发现宇宙中充满了碳化学。通过不同的天文技术，他们已经直接识别出星际太空中超过 180 种分子，并且超过 70% 的分子是碳基。我们期待这只是冰山一角，因为更大的、更不同的分子可能也在那里，只是很难被发现，因为它们的光谱特征非常复杂。

　　更加丰富的化学出现在正在形成的恒星和行星系统的骚动中。大量的水分子和不断增加的有机碳基化学一起出现在很多地方。我们发现了乙醇分子、糖分子和氨基酸的前身，例如甘氨酸的证据。所有这一切形成了我们所知道的化学。当我们同时建立数学模型来描述在这些环境中可能发生的化学反应时，我们发现了完全相同的反应和化合物。基本的化学理论预示着我们看到的一切，甚至更多。

简而言之，我们生活在碳化学的宇宙中，它深深地植根于最基本的原子物理和在大爆炸中起源的物质组成内。不难看出，我们如何在这些知识中建立联系，在这些丰富且古老的陨石和彗星中找到物质，和地球上的生命化学 [14] 之间建立联系。所有这些发现就在手边，我们不得不利用人为情况来找出任何有重大意义的非传统途径。

一个真正的怀疑论者可能会说，所有这些完全都是环境使然，因为我们并不知道简单的碳分子和生命之间的联系步骤。尽管分子之间的联系为地球上发生了什么提供了直接解释，而这一解释完美地匹配了我们所观测到的宇宙。不考虑生命如何在地球上开始的细节，宇宙中无处不在的碳化学使得陆地生物化学变得毫无惊喜可言。这只是在所有存在中最多样化的、普遍的化学网络的一部分。

进一步，地球上的古生物学记录指出，微生物在地质时期曾非常快速地爆发，恰好出现在行星组成的最后重要阶段。我们看到生命的化学构成要素（糖、酒精、氨基酸和更加复杂的碳结构）已经在原行星系统中出现了。这一物质落在早期的行星表面，它们本身成了有机化学的巨大孵化箱。换句话说，生命的启动势在必行。这一事实并没有解释之后的所有步骤，但它给要走的路提供了路标。

随着我们量化评估人类的宇宙意义这一问题，我们将会重新回顾这些要点。但对我来说，最重要的有两点。第一，地球的地质化学状态曾被修改过，这一改变是由交织在一起的普遍过程造成的，这些过程由亿万微生物的基本——分子引擎所驱动，依次维持着引擎"蓝图"，随着时间流传下来。

第二，整个微观世界似乎与宇宙的普遍碳化学直接相关，与所有物理和化学结构的根源相关，这一切发生在早期只有氢气的宇宙中。

我想关于生命新陈代谢的机制及其定制化程度仍然有疑问。系统似乎因为这颗星球所能提供的东西和促发自然选择的环境变迁而发生了进化。在这层意义上，有非常强烈的随机因素在起作用。我们所知道的一点是，行星的潜在化学环境最终由它早期从凝聚的星云中形成时的历史、母星大小和混乱的行星组成而决定。根据在地外行星上所观测到的，我们期待着其他大小与地球相似的世界能够拥有大量的化学和地质物理多样性。

所以有理由相信，地球上生物的新陈代谢过程在其他世界并非都能行得通。同样，可能也有在其他世界能发生的反应，但在这里却不行。一个好例子来自我们对土星的卫星——泰坦[15]所做的研究。泰坦星温度大约在 -180℃，表面富含液态烃，与地球上任何一个地方的化学都完全不同。然而，至少有一种相当明显的新陈代谢过程能够在泰坦星上发生，还能给生命提供有用的能量。这就是氢和乙炔发生的反应。在地球的温度条件下，这是个相当易爆的反应，会产生甲烷和大量噪声。而在冰冷的泰坦星上，它不得不结晶，但它能温和地提供足够的能量。科学家推测，发现这样的新陈代谢活动的信号意味着可能有生命存在。这也许听起来是个很疯狂的想法，但的确有可能。

尽管在特定新陈代谢的细节上存在潜在变异，但几乎没有证据表明地球的新陈代谢和地球化学变化的综合系统是侥幸成功的。相反，正如我所讨论过的，向更远处看，这似乎是个强势而可能的模型，解释了任何成功的生物圈是如何运转的。

那么人类如何适应这一切？包括人类在内的生命从微生物进化而来，且完全与之密切相关，最终依赖它们而完成全球环境并形成个体功能。这在一定程度上是真的，而我们只是现在刚刚开始理解这一切，这一点我在接下来会谈到。

我们确实是"我们"

在现代生物学中最令人不安、最具革命性的发现之一就是人类并不如我们所想的那般与众不同。我们确实是"我们"——10万亿真核细胞有效地服务于100万亿单独的微生物。其含义令人难以置信，并快速改变了我们关于人类生理学和医药学的看法。欢迎来到微生物体的隐藏世界。

我们当中的大部分人并没有意识到有这些微小的东西存在，更没有任何直接的体验。并不是说我们舍弃了这些伟大的微生物，而是我们难以检测到这些生物，部分原因在于它们太小了，就像微生物找到了它们自己的方式，到达了地球的任何角落一样。一个细菌细胞可能只有我们自身细胞的十分之一，在一个成年人体内，所有的微生物加起来的重量可能也只有一两斤而已。

比起人类自身的生物量，这几乎不到1%。然而，它是一个微观世界，一个列文虎克在1674年透过精巧的显微镜看到的、之前从未被探测过的世界，一个直到4个世纪之后才使科学真正获得欣赏的世界。就像列文虎克看到的那滴地球上的湖水一样，我们当中的每一个人都携带着自成一体的微观宇宙。

真正绘制与人在一起的微生物总量的努力才刚刚开始。现代基因分析工具能够通过测量大量的某种共有基因来进行任何环境的生物调查统计 [16]——提取出与一些关键生物功能直接相关的 DNA 密码。这使我们探测的范围不仅限于土壤或海洋，还可以探测我们自身的躯体。部分结果值得考虑，因为这给我们的微观世界和宇宙带来了新鲜的观点。

以活在我们的肺中 [17] 的东西为例。目前，据估算在人体气道中的褶皱内部，每平方厘米就有超过 2000 种不同的微生物，而这些小家伙至少分属于 120 个不同的种类。健康成年人的一对肺叶内部总表面积加起来有 70 平方米——几乎相当于一个网球场的 1/3。因此，这 120 多种微生物的总数接近 15 亿（而这只是保守估计）。

而直到最近我们都一直以为，我们的肺基本上是无菌的。来自人体的鼻涕或其他组织样本都曾试图用于培养细菌，但并没有产出什么东西。我们现在意识到，这是因为这些微小的居住者在离开人体肺部环境后就不会再生长了。它们需要特殊环境来生存。

这已经足够让人感到惊奇了，但还有更惊人的！正确的观点有助于提醒我们人类遗传密码的事，长长的 DNA 分子链包含的信息封进了我们的每一个真核细胞核内。所有 DNA 分子加在一起大约有 30 亿个字母长。人类基因组包含 2 万～ 2.5 万个不同的基因，用于给蛋白质编码——这听起来很多，但让我们看看自己身上的另一例微生物：在消化系统中存活的富饶的丛林。

2010 年，一个欧洲科学家团队宣布了一组人类胃和肠道中微生物族群的基因统计结果 [18]。他们从超过 1000 种不同的有机物中发现了大约 330 万组基因——这一数字意想不到地比人类基因组的数据要大 150 倍。让我们更进一步，将重点放在人类肠胃的微生物群上，这一族群大约占有细菌种类不超过 10% 的部分。生物学家发现，它们的基因有大约 3 万种编码，来形成一些之前不为人知的蛋白质。看起来这些基于人类的小生物有着异常丰富的、多种多样的生物机制工具箱。

这可是件好事，因为我们越是研究微生物群，越能意识到我们有多么依赖它们。有一些依赖性相当直接。比如，多形类杆菌即一种在很多动物消化系统中都能找到的细菌，它能够分解复杂的碳水化合物，将其转换成更简单的糖和其宿主能够使用的分子。人类的基因组成缺乏能够制造这种处理复杂碳水化合物的酶的密码。相比而言，这种细菌能够制造大约 260 种不同的酶，使人类变成了十足的食草动物，能够从所有水果和蔬菜中消化提取我们所需要的东西。

另一种被依赖的微生物不易察觉却意义重大，其覆盖范围很广，从我们受到触发感觉饱或饿的方式，到复杂的、帮助稳固和控制最基本免疫系统的化学反应。很多生物学家都认为，人类微生物组可以被当作我们体内的另一主要器官。另一些人认为，将人类的基因和这些微生物的基因分开毫无意义——它们应该被放在一起考虑。一开始这看上去像是对的。微生物组还有另一特征，使得这一概念发展到一个新阶段：我们单细胞的伙伴极其个性化的天性。

随着科学家研究人体内各种各样的物种，加上现代基因分析探测器的结果，他们发现人们有不同的细菌气味，由于人体部位的不同而不同——肠道、肺、嘴巴、手或其他各个角落。

比如说，我们认为每个人类的肠道微生物组都可归为三大类型[19]之一，或者用微生物学家的术语来说是肠道微生物分型。这与人的性别、年龄或身材没有明显的联系，然而我们尚不知道，什么样的区别会是由地球上的位置导致的。

这一发现意味着，每个人都携带着一个看不见的微生物标签，这必然和每个人的个性有关，从我们咀嚼、消化食物的方式到我们全身的化学。因为我们肠道中的细菌有如此重要的作用——比如提供酶来帮助合成维生素，我们携带的这一特定族群一定上演了最基本的生存和自然选择机制。如果我拥有一种微生物气味，它可能会使我在面对某种环境压力时比有另一种肠道型微生物族群的朋友表现得更好或更坏。

人类为什么会被这些微生物占领，这件事已经很清楚了（没有它们，我们无法正常工作），但我们尚不知道，在人类的生命循环中，它到底是如何发生并且何时发生的。很多似乎在我们还是个婴儿时就已发生了，通过与其他人和周围环境的接触而发生。也有证据表明，当我们还在子宫中时就已经被注入了微生物，并在诞生和护理的过程中进一步被母亲和环境所携带的微生物组占领。但是什么真正决定了我们最终成为成年人时的气味（甚至这气味随着时间而改变的范围），仍然是个谜。

随着我们更加了解内在的生物宇宙，更毋庸置疑的惊喜在等着我们。研究员们现在推测，甚至我们的个性，以及我们倾向于表现出友善还是攻击性的特点，都受到微生物组特定细菌组成的化学影响——几乎是影子般的"微生物灵魂"[20]。

我们并不如我们曾经认为的那么与众不同，这一点非常重要。这意味着相比于所期待的，我们与我们脚下的行星拥有更多的相同之处。正如地球的环境在过去将近 40 亿年的时间里被微生物进行了塑型和设计改造，人类自身的功能、自身的进化 [21] 也被体内的细胞和体外的细菌"乘客"所携带的核心行星基因组进行了直接管控。似乎无法将我们和微观世界的规律分离开来。

智力，迄今为止最伟大的生存策略之一

从地球上生命的天性中学到的东西告诉了我们很多关于人类的意义，以及这颗星球上所有生命的意义的事。作为一个真核生物的物种，人类代表着生命多样性的一个特殊例子，然而这没有赋予人类在微观世界中的任何特殊地位。在很多方面，通过将微生物置于顶层而非底层来重新考虑地球的整个生命层次结构可能会更好。毕竟，在过去的几个世纪里，我们对陆地生物的分类编组是基于我们自身所发现的并且能够理解的作用。现在对"生命之树"的绘制是基于基因分析技术，已经在很多方面重新排列了层次结构。

从生物角度来说，这颗星球上最"重要"的生物，真正决定生命整体历史和特殊性质的生物，并不是最"复杂"的那些。对生命社区成员影响最大的不是多细胞体的动物和植物，而是如今把这些大型结构当作移动或可消耗环境的生物。它们就是细菌和古细菌，在过去的几十亿年里，它们已经显著地改变了地球上的化学和物理环境。

以人类为例，对细菌和古细菌来说，我们就是家园，我们代表着多用途的系统。生理反应驱使着人类寻觅食物，我们甚至被驱使着寻找那些吸引我们的食物，因为这些食物会给我们的细菌乘客提供营养。幸运的是，人类的解剖学构造和大脑也让我们想到了将食物带给自己的方法。我们可以捕猎，可以种植庄稼。如果给予足够的时间，我们还可以建立食物生产的全球化网络，并把它们变成自助餐或营养品，甚至存储在受保护的建筑中，这样我们，还有我们的乘客，就无须操心食物的问题。

　　我们分析型的大脑也会想出复杂精巧的机制来支撑持续的工作，不只是个体本身，各个群体和整个族群都是如此。从衣物提供的热量庇护所到医药学，人类发明了各种方式来提高短期生存的概率，并努力扩展个人的"使用"期限。但真正引发这些的是什么呢？是我们自身的需求，还是微生物领主施加于自然选择的需求？

　　考虑人类是如何被某些外部的、对此不感兴趣的一方所描述的，是一件非常有趣的事。不难看出，人类整个物种在单细胞生命的召唤下是如何被描述成"无人机"的。确切地说，是制作精良的无人机。制造多功能移动平台的花费之一在于它需要能够自动回应周边环境。人类可以制造精巧复杂的机器人，来执行重复但极端精确的机械任务。我们也赋予了它们做决定的基本原理，好让它们在为我们服务时能够更加有效地工作。

　　比如，一辆现代汽车装载的计算机系统和算法允许汽车根据环境做出"选择"，以便优化能源利用并保证乘客安全。我们送入火星的"漫游者号"有一定的能力，能够决定它在穿越火星表面时的追踪质量。这是一种自动保险机制，以避免发生这样的事：来自地球的信号需要花费 20 分钟或更久进行一次往返——如果你发现自己处于灾难的边缘，这段时间将显得不可思议的长。这种工程优化正是我们在自身的生物学中找到的。

　　"人类对微生物来说只是无人机"这一想法一头扎进了所有事件之中——当然，不只是同期的进化理论和生物学发展机制，还有我们的亲密认同感。这只是一个简单的问题，并不是一个严肃的假设——它是一种揭示人类在地球上的概念化意义的方式，其中也包含着大量行星微生物和核心基因组的全景图。没有必要表明我们这些微生物受益者（或者任何多细胞物种）的存在正在积极计划或指导我们的进化行为。更准确地说，这一情形能够简单地通过紧密联系的共生或者内共生关系而实现，在这种关系中，互利促进着改变的发生。

这些想法与我们的宇宙意义和宇宙唯一性的问题似乎有着合理的联系。我认为我们在此看到一系列复杂细胞生命的化学和生物的限制与机会，这代表着另一种宇宙规则。微生物总是需要对大型生物负责。这是对我们之前阐述的生命存活基本程式的进一步改变。我们可以将之加入核心行星基因组，以及无所不在的碳化学所组成的新陈代谢过程——这些直接起源于更深层的自然规律。

这意味着，虽然人类个体的生物学可能确实有一些独特的细节，但核心行星基因组促使地球进化出人类这样的生物这一事实并没有让人惊讶，可能在宇宙其他任何地方都不会让人惊讶。这是个重要的想法，但我们应该将我们的赌约维持得再久一点，因为还有很多其他的谜团未被解开。

比如说，人类只是生物化学组成物之海的一部分，冲刷着地球的外表层和大气。大量的分子可能性占据着很多其他我们知之甚少的领域，在这之中是无尽的病毒和纠缠在一起的奇怪的朊病毒——这是一种错误折叠的蛋白质，可能是缓冲溢出的生物化学错误或备件。这些部件参与其中，在生物性上等同于（虽然大部分的数量级要大得多）亚原子或者量子世界。大型分子和遗传密码片段被转运、被交换、被嵌入并被移除。这一机制对我们而言仍不明朗，但在这颗星球的历史上必然是一个重要因素。

所以，虽然有理由相信人类只是漂浮在生物宇宙这片大海上的一种生命形式而已，但这真的意味着我们在地球上并非与众不同的吗？

可能在我们双耳之间的部分就有很多提示。在评估我们自身的状态时，另一个因素影响了所有关于生命性质的或广泛、或狭隘的言论。这就是智力。

不管我们有多么爱我们的猫猫狗狗，或者对黑猩猩、大象及海豚施以同情，非常清楚的是，在人类当中有些完全不一样的东西。我们错综复杂的大脑、我们形成的社会结构、我们的认知技能——从语言到与生俱来的解决问题和推理演绎的能力，都远远地处在这颗星球上的生命族谱的另一端。是的，黑猩猩、老鼠、奶牛可能在思维上拥有跟人类一样的复杂性，甚至拥有人类基因组的大部分。看到蚂蚁[22]等生物创造出不可思议的社会秩序是震撼人心的，而地球上的生物所使用的多种交流形式也让人震撼不已。但所有这一切都同时存在于一种有机物，一种生物内——这种生物成了地球上一种唯一的存在。

人类在地球40亿年的进化中孑然独立出来的想法引起了争议，使探索理解我们的宇宙意义这一问题又浮出了水面。它所带来的问题体现在不同方面。比如，在其他星球上，更广泛的智力特征会如何影响进化？即使在地球上，章鱼，这位头足动物家庭的一员，也有着非常不同的神经系统，与任何脊椎动物，甚至与我们人类都不一样，然而它可以异常熟练地操纵物体，并且适时地使用椰子壳之类的材料[23]，就像人类使用工具一样。那么在外太空的某些地方，是否会有一颗行星是由头足动物掌控的呢？

与人类罕见的特殊的智力有关的，还有一个问题。大量科学家时不时地争论，我们的精神或物理构造的某些特殊方面使我们"站起来"，成为新的物种。人类的手、语言本领、杂食消化系统、社会动态：类似这些以及更多的性质被认为需要为人类能够生存下来而负责，并成为我们这类智力生物进化的关键。但也许这些属性没有一个是自然选择的必然结果。可能纯粹是靠运气——毕竟，像人类这样的大脑在地球近40亿年的生命中只产生了一次。这很难支持伟大的进化论观点。

所有的这类观测都巩固了这样一个观点：地球是个罕见的地方，一个不可能的世界，在这里，人类的存在来自一系列幸运的步骤和小事故。或许吧。虽然这一观念可能是对的，但另一方面，它可能会被我们对特定类型统计条件的可怕直觉给扭曲，这一点我将在稍后呈现。

助长这些争论的是近年来关于什么使我们成为人类的信息爆炸。古生物学发现和基因分析二者都导致了一幅不可思议的有趣画面，描绘了我们来自哪里，以及在进化这一术语中我们代表着什么。一些关于人类的存在的新近发现表明，人类能够出现在此是幸运的；但另一些表明，对自然选择和进化所导致的生存策略的持续探索总是能找到与众不同的成功案例，来解释像我们这样的人的存在。

比如，基因研究表明，在距今19.5万～12.3万年前[24]，生物学上的现代人总人口发生了戏剧性的变化，从超过1万人减少到只有几百人。我们不知道究竟出了什么问题，但也许气候变化是罪魁祸首。这一时期是一段长久的冰河期，明显地改变了整个星球的蔬菜、动物、温度适宜的气候区域等分布。沙漠出现在了从未出现过的地方，适宜居住的区域可能就此消失。

然而，不知为何，小部分人类存活了下来，可能依赖于赤道附近沿海地区的丰富聚集物[25]而渡过了这一难关，在这个地方，无数贝类食物残骸被发现。今天我们所有人都源自这一小群1万多年前居住在非洲中部或南部的人类。

不难想象，现代人可能随时随地结束他们的行程。疾病或者气候的进一步恶化可以轻易地毁掉这几百号人口。纯粹是概率拯救了我们的祖先，但智力可能也帮助他们逃脱了使人类灭绝的灾难。

我们不是这一时期唯一存活下来的，至少有另一种能制造工具的两足生物和现代人一样，在同一时期穿越了地球。我们认为，在大约 60 万年前，被称为尼安德特人的物种从非洲迁移到了欧洲。尼安德特人和我们在很多方面大体相似，但也非常不同。他们是另一种直立猿人，我们认为他们是由更早的物种进化而来的——一个共同的祖先。尼安德特人并不愚蠢，会制造石头和骨头类工具，而且他们是社会化的。

尼安德特人在大约 2.8 万年前走向灭绝[26]，而我们并不知道到底是因为什么。环境的进一步变化，甚至他们和现代人的竞争可能起到了重要作用。但显然，他们的一部分仍然和我们在一起：欧亚大陆人的遗传密码包含 1% ～ 4% 的尼安德特人基因。能够知道这一点是因为我们能够解码大部分尼安德特人留下的基因序列[27]，这是一项神奇而又怪异的检测工作。这意味着濒临灭亡的现代人在试图向南迁移并开枝散叶之后，与尼安德特人有过交配繁衍。之后我们存活了下来，而他们没有。

更多的这类研究揭露了人类偶尔会有危险的历史，也有大量有关基本分子机制的发现，正是这些机制使人类成为独特的物种。这些发现将我们带回了人类的意义这一问题，因为它们包含了是什么将人类这种智力形式区分出来的直接领悟。总体而言，现代人和黑猩猩只有 1.2% 的不同，通过探索这些区别，我们能够找到由这些基因编码造就的独特的人类功能。人类和黑猩猩之间区别最大的 DNA 序列[28]确实直接与使人类和其他生物区分开来的关键方面有关。

比如，我们所知的 HAR1 序列（human accelerated region 1，人类

加速区）活跃在大脑中，并和大脑皮层的发育相关。我们认为，另一序列HAR2影响了人的胚胎期发育，以及手腕、拇指的结构——这一特征使得人类有能力操控物体并使用工具。LCT 序列和成年人容忍乳糖（消化奶制品）的能力有关。令人意外的是，研究表明在进化过程中这一序列是最近才有的。确实，世界范围内只有 1/3 的人类（但其中有 80% 的欧洲人）拥有这一基因序列。虽然目前存活的大部分哺乳动物都能在婴儿时期消化乳糖，但成年之后就失去了这一能力。大约 9000 年前，这在一部分人群中发生了改变，伴随着 LCT 序列的出现，它能够使人类在成年时期持续分泌必要的消化酶来消化乳糖。自此开始，保留驯化的动物占据了全新的优势。

此外，还有其他和人类多样性有联系的重要序列。AMY1 促进分泌一种酶，使人类能够比其他物种消化更多的淀粉。ASPM 是一种影响大脑大小的DNA 序列。也许最令人不安的序列是 FOXP2——叉头状蛋白 2。研究表明，该序列影响了人类的脸和嘴巴的运动方式，从而制造出多层次的声音和语言的音调。虽然我们在大部分其他哺乳动物中都能找到相似的序列，但人类的版本非常特别，并与黑猩猩等物种的序列不同。没有语言，人类独一无二的社会结构和传递信息、分享经验的能力将会完全不同。这一部分 DNA，仅2285 个核酸碱长，但在使我们成为人类这一过程中可能非常关键。

人类和与人类最接近的物种——黑猩猩之间的基因区别不全是好消息。这体现在我们的基因与录病毒的远古斗争中。录病毒是一种通过将它们自身的遗传物质插入宿主来繁殖的结构。在某些情况下，我们最终都来自这些密码"战争"，这使得人类比其他灵长类在抵抗潜伏病原体方面要出色得多。但也正是这些基因使我们今天比类人猿这类近亲更容易感染 HIV 录病毒之类的东西。正如十多万年前人类挣扎着才存活下来，人类的遗传史也注定不会一帆风顺。

随着我们继续将个体功能分解成这些分子机制，将这些发现与人类的进化之谜联系起来仍然是一个巨大的挑战。显然，拥有智力是人类迄今为止最伟大的生存策略之一[29]。历史上，推动人类跨越自然选择的障碍的还有更多因素。消化特定食物、抓取物品，以及适应特定范围的温度、湿度、干燥度等的能力——所有这些都起了作用。气候及其他物种的成与败这些外在推动力也是主要的影响因素。

虽然人类很特别，但自始至终，我们的故事都与其他任何复杂细胞的生命形式相似。每一种生命都有它自身的特殊基因，有它自身的幸与不幸的进化改变。生物化学工程完成了所有这一切。这是机器和机器的嵌套，所有这一切都指向最本质的、最基础的原子性质，这属于量子和亚原子领域。伟大的进化实验抛出了数十亿的观念，包含大量相互作用和变异。这样的模式诞生于核心行星基因组，可能更加普遍，没那么狭隘。也可能多细胞的智慧生物只是恰好从这样的模式中诞生，正如其他生物一样，只要给予合适的机会，就会破土而出。

所以，我们的智力在性质上是独特的吗？或者特别杰出？特别罕见？从接收端来看，它可以三者兼有。但这不仅与哥白尼世界观的基本教义（使我们降级到在宇宙中是平凡的）相冲突，它在当前也不可测。事实上，这得等到我们知道如何评估这颗行星上所有生命分支正在进化的智力的重要性，并且，最关键的是，确定那些"不成功便成仁"是否会在其他地方发生。生物宇宙因此使我们面临着探索人类在宇宙中的意义这一过程中最伟大的挑战。

我们是孤独的吗？

06

宇宙平原的捕猎者

目睹了生物生命的循环后，我们推测并创造出无尽的宇宙重复和重生的想法，这一概念跨越了人类文明的世世代代。

如果，哥白尼错了
The Copernicus Complex

　　如果必须说出两个能够精确、乐观地总结人类这一物种的特点，我会说是想象力和不安感。这两者可谓处处可见。比如说，我们对我们的宇宙状态表达迷恋与烦恼的方式就展现了这两点。来自 1000 年、5000 年甚至 2 万年前的人工制品和富有表现力的观测与想象记录都表达了十分强烈的情感。虽然人类学家仍在争论最古老的洞穴壁画和雕塑背后的动机，但对我而言，最可信的理论之一就是，这些壁画[1]和雕塑反映了早期现代人分析宇宙中的动物、景致和习惯的成就。可能也有人认为，这些图画或物品只是他们在无聊冬日里用来打发时间的简单涂鸦和小物件。但即便如此，我仍情不自禁地觉得其中隐藏着一些有意识的、经过深思熟虑的事——也许是事实和观测结果的分类筛选，但还没有和理智世界完全联系起来。这种行为发生了不止一次，它在一代又一代的更替中持续发生。有些古老的图像和塑像更加抽象，仔细地描述了人—动物杂交、地球母亲（可能是女神）和怪物的奇怪场景。这是狂热的梦境之类的东西。这是人类的思维在独立工作，试图填补知识上的空白，试图理解生命的意义。如果我们非要给这些从未见过的东西赋予意义，可能就是如此吧。

　　在我们试图描绘天堂与地球、太阳和月球之间的关系时，也发生了同样的事。我们经常将行星和星座与神和异想天开的生物联系在一起，试图为我们看到的这些星座图形赋予解释。时间的性质也一直使人困惑——对研究周边环境的祖先而言是这样，对推理总结宇宙性质的 21 世纪人类来说仍然如此。在所有物理层面上，宇宙充满了变化，不断地向前进，将那些老旧、虚弱的东西留在身后，不管岩石是否风化，生命是否腐烂。我们也观测记录了重复性的季节变化、月相循环和缓慢的气候变化等伟大状况。目睹了生物生命的循环后，我们推测并创造出无尽的宇宙重复[2]和重生的想法，这一概念跨越了人类文明的世世代代。

这些富有创造力的绘画、制图和时间记录都在其核心表现出对宇宙分级的渴望。我们一次又一次地面临究竟"外面"有没有其他人这一问题，不论是在空间还是时间上。目前，还完全没有任何数据[3]证明宇宙中其他生命的存在或不存在。我不想耸人听闻，但这是真的——这也是为什么我们发明了啤酒和巧克力来抚慰自己，说我们是幸运的。

这种相当惨淡的孤立和无知，并没有阻止我们在几千年的时间里发表不切实际的声明。其中关于地球之外的生命性质最有娱乐精神的一种推测，是有众多世界拥有生命这一理念。我们在之前已经提到过这一概念，它经过了长时间的孕育，可以追溯到那些伟大的哲学家的时代。

部分古希腊人（原子学家德谟克里特就是其中之一）相信，如果现实的潜在性质是由颗粒构成的——由单独的原子和真空组成，那就意味着有无数种不同的天体存在，比如行星、恒星和卫星。这并不是必然表明在实际的宇宙中，"外面"有无数的世界，我们只观测到非常有限的一些，但它们应该存在于某些地方。如此广阔的宇宙导致不少人追随这种哲学学派，比如，公元前 4 世纪的思想家梅特罗多勒斯（Metrodorus）认为，在无尽的空间中仅有一个地球这样的地方是非常奇怪且不可能的。但柏拉图和他的门徒（亚里士多德也是其中之一）在几十年之后出现，他们试图推翻这一理念，认为地球既是在宇宙中心的，也是独一无二的。

不考虑这些反对者，有其他世界存在的这一想法坚定地扎根于人类的想象中，正如我早先提到过的一样。在公元前 3 世纪古希腊人提出这一观念很久之后，多世界论再次抬头——一开始在中世纪时期的中东，之后在 16 世纪晚期的西欧，像是布鲁诺，他就全心全意地支持哥白尼的宇宙学。确实，哥白尼将宇宙去中心化这一行为重新打开了多世界论的大门，并使其在接下来的几个世纪里保持猛烈的势头。多世界观念经常与这些世界有人居住这一观念不可分割。存在许多的世界意味着存在许多的生命。在很多方面，这一思想在逻辑上完美地延续了哥白尼模型：地球不是宇宙的中心，也不是与众不同的。

18 世纪晚期，聪明的天文学家威廉·赫歇尔（William Herschel）[4] 发现了天王星，迷恋上了在其他行星上也有生命这一观点。他认为似乎有理由相信这一点，正如对很多其他科学家而言一样，其他的世界应该满是人类和生物，而不是荒凉空荡的。这一逻辑也考虑到抚慰人心的一种可能：同样的宗教和社会秩序存在于任何地方。这种说法聪明地解决了哥白尼去中心化的问题，也因我们参与了重要体系的特点而肯定了我们的重要性。毕竟，如果我们在田园般的英格兰喝着下午茶，在礼拜日去教堂做礼拜，就没理由不相信在火星上会发生同样的事。

这一想法甚至带来了更多有创意的反转。赫歇尔认为月球上住有智慧生物，甚至宣称他在用望远镜观测时，在其中一片月海上看到了类似森林或者平原的东西："我的注意力主要放在了湿海（Mare Humorum）上，我现在相信这是一片森林，这个单词也被采用了正确的扩展意义，来说明这些广泛增加的物质的组成……我认为森林的边界是可见的,可能要求这些树至少比地球上的高 4 ～ 6 倍。但森林、草坪和牧场这一想法对我而言仍然极有可能……"

赫歇尔甚至觉得,太阳一定是在一个冷却的表面上盖上了一层炙热的大气。他错误地将太阳黑子当成了大气之间的间隙,以为那是陆地,得出了上述结论,自然会认为有居民生活在那里。正如赫歇尔在 1794 年解释的:"太阳似乎只是个显赫的、巨大的透明行星……这使我们认为它是最有可能也住满了人的,就像其余的行星一样,被那些适应那个巨大星球奇特环境的生物所占据。"

赫歇尔关于月球或太阳上的生命的想法显然并非主流,但也并非完全处于边缘。甚至明智的法国数学物理学家皮埃尔-西蒙·拉普拉斯都讨论过太阳系中其他行星上生命的可能性。但稍晚一些,大约在 19 世纪 30 年代,具有科学思想的苏格兰牧师托马斯·迪克(Thomas Dick)[5] 做出了非凡的努力,来量化宇宙中其他地方存在生命的数量,而他之后也成了一名天文学家。第一步,他假设英国当前的人口密度代表着在其他任何行星或小行星上的人口密度——这可是个令人惊讶的疯狂事件,至少对我们敏感的现代来说是这样。

在这一基础上,迪克继续估算金星上可能有超过 500 亿的人口,火星有 150 亿人口,而木星拥有巨大的 7 万亿人口。再疯狂一些,他甚至推测土星环上拥有大概 8 万亿的人口——只是在环上而已!在完成所有这些疯狂的推断之后,他总结出太阳系的净人口总数大约有 22 万亿——不算太阳,他认为太阳自身就占据了 31 倍之多的生物。迪克并没有止步于此。他还估算出宇宙中行星总数超过 20 亿,所有这些行星上的人口密度都和 19 世纪

30 年代大英帝国的人口密度一样。讽刺的是，我们现在知道行星的数量很不幸地非常低，但公平来讲，当时没有任何人知道宇宙的真实规模和范围。

　　迪克的预测（这是多世界论的绝对极端）之下的动机仍然值得思考，因为很多严肃的科学家都认为这与他们有关。并没有无可争辩的证据来证明其他的世界是否有生物居住，很多人只是简单地假设会有。即使有目前最为先进的望远镜，人们也不太可能证实或反驳其他世界是否存在生命的说法。没有图像有足够的分辨率，来帮助天文学家看到另一颗行星上是否有生物活动。

　　不管怎样，地球之外的其他地方是没有生命证据的，所有天体上的丰富生命只能被当作是行星存在的自然部分，就像另一层形成了岩石和土壤的物质。如果没有其他有人居住的世界，我们就得找出一个好的理由来解释为什么。这一原因的逻辑很难争辩。再一次，如果你完全拥护哥白尼的世界观，那么任何将地球与其他地方区别开来的行为都令人难堪，这就是当时科学界达成的共识。让宇宙填满人口比让地球独一无二更好。

　　但随着时间的推移，望远镜得到了大幅的改进，我们对生命真实性质的认识发生了不可逆的改变——意识到生物不是静态实体，而是不断发展的复杂的进化过程与自然选择的产物。在这条科学思想道路的某处，行星不再无意识地等同于生命。生物不是整体上一起诞生的。我们现在意识到生命可能（或者可能不）在特定的地方产生。多数世界有人居住这一最极端的想法逐渐淡出人们的视野。今天，这一想法已被坚定地弃用。我们对太阳系的探索已经证明了，在月球、金星和其他相邻行星上不存在复杂生命。即使我们现在已经知道宇宙中有大量的行星，也不认为人类这样的生物会将它们全部占据，因为很多行星上的条件不允许这种情况发生。

但我们被丢进了奇特的智力场景中，因为宇宙是个非常大的地方。在我们可观测的宇宙视界之内——自从大爆炸之后光行进了 138 亿年的距离，有几千亿个星系和超过 10 万亿亿颗恒星。而这只是在任一瞬间出现在我们面前的数量，是当遥远的光跨越漫漫宇宙来到我们面前时，无数宇宙时刻组成的快照中的大量天体。如果试图知道，在过去 138 亿年的时间里曾经存在过多少颗恒星，除了要面对在相对论的宇宙中包含的时间和空间概念引起的头痛，你最终还不得不在空中大力挥动你的胳膊，来引用一个更大的数字。

这一经验主义的事实对于我们努力理解是否有其他地外文明非常重要。一个大型宇宙相比于一个小型的、没有适当空间的宇宙，给出了一种不同的答案，而这种答案我们之前都听到过，甚至可能我们自己就是这么认为的。因为宇宙如此之大，有 10 万亿亿颗恒星[6]，肯定会有生命存在于其他某些地方。

然而，可见宇宙的深远影响真的会不可避免地使人们得出"在其他地方必然有生命"的结论吗？"孤独"这一问题还包含着其他隐藏的层面。尤其是（非常像老式的多元主义）当我们提出这样的问题时，我们其实好奇的是，在宇宙中是否有像我们这样的其他生物：会思考、会期待、拥有技术或哲学；有思想、信仰、艺术和诗歌，当然还拥有科学。由于如此多的现象在我们的世界中看上去都理所当然，我们最好回过头来，仔细研究一下这些细节。在这种情况下，非常重要的一件事是，我们是否能处理拥有谨慎分析的大型宇宙的数学含义。我们能否构想出恰当的科学回应，来使我们摆脱多元主义（认为宇宙充满有生命的行星）或传统的盲目乐观主义（认为地球是独一无二的）呢？

我们能。构想出这样一个回应的起点就在于尚未发展成熟的概率理论。

贝叶斯定律，寻找其他生命可能性的启示

在阅读有关托马斯·贝叶斯（Thomas Bayes）[7]一生的各类传记时，人们发现有趣的是，相当一部分传记的开头都是这样描述的："他可能生于1701 年……"事实上，由于有关贝叶斯的文献相当少，而他本人也明显不愿将他的科学成果公之于众，因此他的生活，甚至他的数学成就的历史记录（跟他所留下的最知名的财富相比少得可怜，真是绝妙的讽刺）都充满了不确定性。我们知道贝叶斯是一名英格兰长老会牧师的儿子，家里从事钢制餐具行业，因而家境富裕，使他能够在爱丁堡大学学习数学和神学，并在之后的 18 世纪 20 年代晚期成为一名牧师。

在这一时期，他发表了一些神学著作，但他对科学的兴趣也与日俱增。同一时期，牛顿提出的微积分理论（在当时更普遍地被称为"流数法"）尚未被广泛接受。在极小的范围内，牛顿的理论显示了如何描述任一数学函数因为参数的不同而发生变化的比率（从加农炮的弧线到曲折表面的斜度），这与这些函数的微量部分密切相关。牛顿采用了"流数"这个词来代表流动或变化的这个动作。

贝叶斯一生中仅有的、经官方出版的另一研究就是，试图通过提供更加严谨的流数数学性质的证据来支持牛顿的理论。这可能看上去没那么让人激动，但类似这样的工作足够使贝叶斯在皇家学会占有一席之地，并鼓励他继续他在数学方面的追求。

之后，贝叶斯对概率论产生了兴趣，这一领域的研究在前一个世纪里从众多数学项目中破茧而出。这是个容易引起争议的工作，原因之一就是它所研究的事物触犯了身处高位的有着强烈信仰的人。科学家开始认可概率和不

确定性可能真的就是发生在宇宙中的无计划、无目的的随机事件。这一点很重要：它预示着我们概念中的自然模型深刻变化的开始。

但直到 1761 年，贝叶斯去世后，他的朋友——哲学家及传道士理查德·普莱斯（Richard Price）[8]通过筛选贝叶斯的论文及笔记，才发现贝叶斯在解决数学领域"概率"这个问题的核心上做出了巨大的贡献。普莱斯收集了相关成果，并在贝叶斯去世 2 年后将之交于皇家学会予以出版。最后，贝叶斯功成名就，因为解决了当时名为"逆概率"（inverse probability）的问题而流芳百世。现在我们不再使用这一术语，而代之以"后验概率"（posterior probability）或"后验推论"的说法。在接下来的几十年甚至几个世纪里，以拉普拉斯为代表的科学家们分别独立地发明建立了这些概念并将其扩展。后来，这些概念影响了所有现代科学。但贝叶斯的名字最为突出，他也因"贝叶斯定律"[9]而被人铭记，这是他最后留下的最伟大的、关于概率的成果精华。这一定律可被写作一个非常简单的公式。它为某个模型或某种假设正确的概率提供了一个数学表达式，并给出一组实际观测值。最重要的是，它总结出一种看待世界的方式，允许我们评估我们在理论或预测中的信心值（期望值）。

这一准则的本质能够用一个寓言故事来解释，贝叶斯的好友普莱斯在贝叶斯死后出版的书中描述了这样一个故事[10]，我在此转述：让我们假设有一只会数学，但不幸很天真的公鸡刚刚被孵化了出来。它第一天来到世上，惊奇地发现太阳在天空中移动，并最终消失在视野中。公鸡很好奇它是否还能看见这个明亮的大圆盘。用解析方法进行分析后，它构想出一个简单的假设，太阳再次出现或不再出现的概率是一样的——它的信心值被分成 1 : 1，或者说 50%。

　　当然，几小时之后，太阳再次从地平线上升起，划过天空，并最终消失。这只公鸡决定更新它的信心值。它现在看到了两次日出，但这一切仍有可能不会重复，所以它的信心值变成了 2：1，认为有 66.7% 的可能会发生第三次日出。随着下一次日出的出现，它再次更新了它的信心值，变成了 3：1 的比例（75%）。它倾向于认为太阳会在接下来的一天升起。随着这一情况继续，每一天公鸡的信心值都增加了，逐渐接近于 100% 确定太阳会再次升起。在第 100 次日出时，它已经 99% 地肯定这件事了，并决定它或许可以在黎明前鸣叫着离开，让其他人大吃一惊。

　　公鸡的分析是一个基本例子，但这正是贝叶斯数据和理论方法的核心。实验结果和新的观测结果与数据可以完全改变一个人在某一假设上的信心值，来评估这一假设正确的概率。但对科学家而言，不确定性的量化是个有意义的方式。这一点并不总是清晰的，事实上，用这种方式考虑实验或观测结果并不总是合理的——使世界成为一个只论真假的概率或信心值的地方。人们花了很长时间来理解这些概念。一位像赫歇尔（就是那位在仅仅几十年之后思考其他行星上生命的存在的人）一样杰出的科学家显然并不会如此得出结论。而我们欠了贝叶斯和 18 世纪的其他人很多，因为他们不停地努力研究如何得出不确定性并将它们转化成概率，就像寓言里的公鸡所做的那样。

　　我们可以通过贝叶斯用来为他的读者解释数学公式的例子，来看看他本人是如何应对这一挑战的。他设想出一个实验，通常用一个台球桌来展示这一实验——虽然事实上没人知道，贝叶斯是否真的是指一张台球桌还是一张旧桌子而已。但为了继续这个故事，就让我们使用台球桌吧。

　　假设你不小心将一颗红色的球滚过空荡荡的台球桌，它会停止在任何地方。你将红球留在它停下的位置，并沿同一方向滚过一颗白球若干次。让我们计算一下，白球每隔多久会有一次停在比红球更远的地方（见图 6-1）。现在，贝叶斯采用这张假想的桌上的球，来推论一个简单问题的数学解决方法：已知你滚动过的这些球的情况，能否预测出再次滚动一颗球的结果的概率？换句话说，你再次丢出一颗球，它最终停下的位置是在红球的这边还是那边？概率分别是多少？贝叶斯认为能够算出这一概率。严格来说，就像公鸡计算日出的概率一样，你丢出的球越多，对下一球结果的信心值越高。

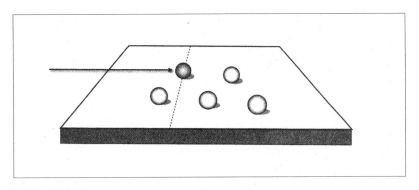

图 6-1　台球实验

台球实验只是一个简单的思维实验，但它揭示出的问题在 18 世纪对数学而言是多么的根本。之前没有人知道如何在细节方面创建数学，用概念性的东西来处理不确定性，这对任何人来说都相当新奇。贝叶斯正在向一个公式——他的定律迈进。这个公式可以用来计算个人在面对证据时是如何"相信"假设的，是如何算出"某一论点是正确的"的可能性或信心值的。

为了理解这一定律的组成，并开始了解我们该如何将之应用于宇宙中的生命这一问题，我想使用一个比日出和台球更加有趣的例子。让我们想象一个奇异的假设，即柴郡猫 [11] 在所有猫的总数量中占有 20% 的比例。为了验证这一假设，我需要到外面找些猫回来，并且需要努力地分辨这些猫，并数出柴郡猫和非柴郡猫的数量。这一挑战就像寻找宇宙中的其他生命信号，发现有人居住或无人居住的行星。

当然，数猫这事说起来容易做起来难。我完全是在盲目地测试，没有预先存在的信息来指导我。除非我愿意捕获并鉴定大量的猫，否则在我的结果中总会有明显的随机性。如果我在街上抓到 10 只猫，其中 2 只是柴郡猫，那么我无法肯定地说，这证实了我那"20% 的猫是柴郡猫"的假设是正确的，因为会有很大的误差，而这是由随机取样的猫的数量太少造成的（见图 6-2）。

图 6-2　柴郡猫假设

所以关于柴郡猫的理论必然有点复杂，它必须包含关于随机选择的猫群的扩散（或变异）期望值。实际上，它需要能够预测误差幅度——来告诉我如果我的假设是正确的，我应该得到什么样的测量结果。

除了随机取样造成的复杂性外，我的测试中还有一些系统性偏差问题。

也许柴郡猫总是超重且行动缓慢，更加容易被逮到，从而导致它们所占的比例更大。也许柴郡猫假设从一开始就完全是错误的（这个可能性很明显，因为它们很容易突然隐形）。但我也可能自欺欺人地告诉自己这是正确的，也许偶然地，我恰好在随机的收集过程中找到了我认为的柴郡猫的正确数量。

所以，我的柴郡猫假设正确的概率本身等同于一些其他相关的数学组合的概率。首先，数据或测量的概率要由假设给出。听起来有点奇怪，但这意味着如果一个模型或假设是正确的，那么你需要期望猫的数量符合特定模式。比如说，我可以给定任意特定概率，认为在随机抓取 10 只猫的情况下，可以找出 1、2、3 只或任意数量的柴郡猫。

接下来就是所谓的后验概率，这才是我们从这些猫身上真正追寻的，就如我们追求宇宙中生命的问题一样。后验概率是上述情况更加直觉性的反转。它是根据测量结果或证据得出的以上假设是正确的这一命题的概率。换句话说，这一概率会告诉我们这条关于猫的假设有多大可能是正确的，或者说在只给予地球上的生命观测结果的情况下，宇宙中有其他生命的可能性有多大。这也是我们借助日出和台球桌予以说明的信心值。

最后，在关于贝叶斯公式以猫为基础做的描述中，有一个因素是这一假设本身，这一因素被称为先验概率。在这种情况下，它代表着任何一只猫是柴郡猫的概率，我们认为是 20%，或者说 0.2。当然我们并不知道 20% 是否正确，这正是我们想要去验证的概率，就像任何一颗行星能够产生生命的概率。有趣的一点在于，通过给定这一概率，我们暗中假定了这个想法本身是真的，即柴郡猫的存在概率是正确的。这种假设非常危险，因为我们可能错误地太过重视这些疯狂的假设。所以，除非我们一开始就非常确信，否则最需要做的就是评估这些可能的"先验"，并祈祷我们所有的数据能够通过它们相关的概率算出这些假设的对错。

我在此列出的贝叶斯定律公式也假设我们所得到的数据是精确的——没有"假阳性"或"假阴性"的类型。也就是说，如果在我假想的小猫检测中挑选一只猫，我认定它是一只柴郡猫，那么它就真的是。这一点很重要。比如，在医疗界，假阳性或假阴性大量存在。在这些情况中，贝叶斯公式就需要做出一些调整，需将误诊或者错误的化学测试的概率包含在内。如果你试图评估某种特定疾病或一种暴发性传染病的可能性，你的数据的精确性和选择的先验条件就是关键因素。

所以，贝叶斯定律允许评估我们观测和测量到的东西与我们的假设或数学模型之间的关系。原则上，它应该允许我们给定一个绝对概率，一个信心值，即一个假设精确地描绘了自然现象的信心值。但还有一些问题会使这样的计算难以进行。我们可能不知道先验究竟是多少，或者我们的假设是否正确。我们的测量结果可能会因为随机抽样或意料之外的错误而不完美——在我之前举的例子中就有这样的问题，因为柴郡猫完全是虚构的。所以，我们计算出的概率、信心值可能并没有绝对值，无法帮助我们做出决定。

幸运的是，贝叶斯的想法更加强大。他想出一种方法，一个能够绕过这些明显的障碍的聪明的小花招，而科学家们学会将之用于日常工作中——不管是追踪猫还是计算宇宙结构。这一简单的事实就是，我们通常不在乎这些不同的概率的绝对值是多少。我们真正在意的是模型或假设是否比另一个"更好"，或者可能性更大。所以，我们可以从设想所有假设均有同等的概率是正确的开始。真正重要的是，找出哪一个假设最符合我们测得的数据和结果——那么这一个就赢了。然而，它们可能全都错了，但是我们只想知道哪一个错得最少。我们可以通过贝叶斯公式做到这一点。我们最终能够评估出概率或者信心值，而我们的测量结果能够由给定的假设与其他的假设相比较而得出。这个小把戏制造出了意想不到的强大工具。

我可能会将这一把戏应用于柴郡猫的案例中，用大量测试方法来确定一只猫是否为柴郡猫，比如测量猫有多重，或者看它是否会笑，等等。如果20%的猫真的是柴郡猫，那么精确的和不那么精确的方式都应当表现出一致性，但有着不一样的相关概率。贝叶斯方法使我结合所有这些来构建衡量我的假设跟其他方法相比的整体信心值。

如果没有任何辨认方法能揭露这些动物的稳定比率，而导致了较低的整体信心值呢？这种情况下，我得考虑要么是先验假设的细节错了，要么就是没有柴郡猫这样的东西。在某些方面，这是个简单的数学概念，但这样的应用能走多远是令人震惊的。对很多科学家来说，估算现实情况的效果就是证据，贝叶斯推论就是关于尽可能地接近"自然是如何做到这一点的"：它似乎精确地捕获了不同现象的基于概率的结果，而在其核心，概率和规则发挥了同样多的作用。除非自然知道这种情况下的规则，否则我们无法采用这种方式，只能靠猜。

通常，这并没有太大的问题。如果我们的猜想、我们的科学模型大致上是精确的，那么有魔法的贝叶斯理论就能掩盖这一问题，或者至少让我们知道，我们对自己得到的答案多有信心。对某些人来说，人类总结得出宇宙机理结论的方式仍然令人不安，因为它意味着没有理论是真正错误的——只是不如另一个好而已。

我清楚地记得，在我还是个初出茅庐的毕业生时，我曾看到杰出的研究员们为是否能容忍这样的随意[12]差点大打出手。如果贝叶斯型分析只能提供一种符合观测结果的概率的特定理论，我们就真的不能完全相信这种方式，并以此来获得知识吗？此外，争论还以另一种方式进行着。显然这是一种更加诚实、更加现实的方法，能够构造我们对充满不确定性和未完成的故事的自然世界的科学研究。由于在人类生命中有很多任务，如果某些东西工作得足够好，并且能提供一种相当不错（尽管不完美）的解决方法，它就会逐渐演变成实际中常用的方法。在这种情况下，贝叶斯定律轻而易举地取得了优势。

今天，贝叶斯推论是永恒的存在，已经深深地扎根于我们的技术和思想中。它存在于你身边，远比你意识到的多得多。几乎每一种计算机绘图软件都利用了贝叶斯方法。人脸锁定？是的，它的核心是贝叶斯概率，确保童年玩耍的珍贵时刻能够被清晰地捕获。你刚刚因为闯红灯得到的交通处罚？感谢托马斯·贝叶斯吧：你的车牌因为使用贝叶斯技术而在模糊不清的照片中被识别了出来。你在手机上编写短信时的自动纠错（经常是有些滑稽的纠错）？是的，没错，这是贝叶斯定律的另一项应用——统计分析你使用过的单词来计算你接下来将会输入的单词的概率。自动系统交易股票期权的方式，设定商品和货物的阈值的方式——很大一部分都是由贝叶斯定律实现的，以此来决定结果的概率和信心值。在大数据时代，当计算机收集我们每一个行为的信息时，同样的统计推论和预测工具对得出有用的线索来说非常重要，像是我们喜欢哪种肥皂品牌，或者我们可能被说服喜欢哪一种。

在其他地方的生命可能性这方面，我们的存在能告诉我们些什么？贝叶斯那具有巨大影响力的科学遗产对于理解这一方面极其重要。是的，它帮助我们测序遗传密码，评估癌症产生的检测结果，从而估算出你有多大可能患的是致命的癌症。它让我们搜寻千万亿字节的数据来找到粒子和物理规律的超凡意义。它也帮助我们处理重要的问题，比如在这个有几十亿个太阳系的星系中，我们自身的存在对于其他地方的生命概率意味着什么。所以现在，让我们来像贝叶斯一样想想这一谜题，让我们看看，当我们试图找到宇宙中生命这一难题的数学答案时会发生什么吧。

我们是孤独的，还是到处都是生命？

2012 年，普林斯顿的两名科学家戴维·施皮格尔（David Spiegel）和埃德温·特纳（Edwin Turner）[13] 将贝叶斯定律的工具应用于"我们是孤独的吗？"这一问题的一个措辞更为严谨的版本中。他们由提问关于地球生命最可靠的事实是什么开始。我们需要什么样的线索来继续呢？这需要抽丝剥茧地找出最单纯的事实，这一点留下两条最简单的信息。第一条是某些生命形式在地球的历史上很早就出现了 [14]，大概在行星主体组成刚形成的几百万年时间里。第二条可靠的信息是几十亿年之后，有思想的、会提出问题的生物出现了，并发现了上一条事实。将所有事物的外衣层层剥开，直达精髓，这就是我们所知道的有关此刻宇宙中的生命的核心。相当令人警醒。

接下来，施皮格尔和特纳将这一信息融入贝叶斯公式中，来看看这些事实有没有告诉我们一些关于宇宙中其他任何地方出现生命（无生源论）的概率。换句话说，如果生命在地球上生根发芽，并在几十亿年后由进化造就了我们，这是否意味着在任何地方都有可能发生同样的事呢？就像在所有的贝叶斯分析中，在我们给予已知事实的权重（信心值）和给予先验假设的权重之间有着一定的平衡。

所以在这种情况下，我们会得出什么样的假想呢？施皮格尔和特纳意识到，几乎不用写下这个公式，我们就能够猜测出基础的生命在经过一段时间之后出现在行星上的基本概率。换句话说，我们为无生源论会在数十亿年的时期里发生的平均时间假设了一个阈值——这就是我们的先验概率。

现在轮到这个小把戏上场了。没有正确的贝叶斯分析，我们倾向于假设生命能够在宇宙中轻易地产生，否则它可能不会如此快地在早期正在冷却的地球表面上出现。但这是本末倒置的。这就跟我们给无生源论在任意亿年的时期里发生的平均时间假设阈值完全一样，但我们并不知道这个数字！

施皮格尔和特纳将之称为"先前不知"，这可是个描述我们情况的好词。将这一点列入考虑有点令人不安，因为从数学上，我们最终发现，地球早期存在的生命几乎没告诉我们任何关于生命在其他地方产生的概率。人类想要看到自身倒影的本能、过分夸大自身重要性的倾向，再一次地挡在了我们面前。

通过研究大量先前不知的数学模型，施皮格尔和特纳表明，有关其他地方生命的预测几乎完全就是我们一开始所提出的那些假设的滑层函数。假设在任何合适的行星上无生源论发生（未知）的频率随时间流逝保持恒定。贝叶斯分析将我们存在的事实带入考虑，得出的结论是生命在我们的星系中仍然非常广泛。到处都是生命。然而可能也有这样的情况：生命是每 100 亿或 1000 亿年才发生一次的现象。换句话说，我们可能是宇宙中的第一例生命。稍微调整一下这个假设，原来的预测就都不靠谱了。

地球上的生命这一个例子真的不足以告诉我们更多事——我们就像目睹了第一次日出的那只公鸡。是的，基于这里发生的事，生命可能倾向于在地球类的行星上迅速诞生，但我们的先前不知是如此之多，无法排除生命不会诞生的可能。这一分析还有不易察觉的另一面，就是要考虑微生物与人类之间的区别。这就回到了之前提到的有关地球生命的两条信息。我们知道从地球上任何一种生命的诞生到我们自身的出现之间的时间跨度：大约 35 亿年。这个数字意味着什么？

现在事情几乎变得哲学化了，因为我们可以问能否用我们在此时存在的概率来观测宇宙，可以问这些问题对结论本身的作用。换句话说，如果生命需要大约 35 亿年的时间才能从微生物进化成能够计算概率的复杂生物，就像地球上的我们，那么生命出现在任何行星上的推测概率将会如何改变？

让我们用这种方式来看看这一切。我们可能会说一颗行星需要大概 35 亿年的生物进化来完成无生源论到"智慧"生命的出现。如果这一点是正确的，以地球的年龄而言，如果第一个生物出现得没有那么及时，那么尚不会产生像我们这样的生物。因此，我们自然出现于一颗无生源论发生得非常早的行星，因为如果是在一颗晚发育的行星上，我们现在不可能在这儿并做出这些观测。

所以结论就是，第二条信息也没有告诉我们任何关于"在任意一颗行星上生命的第一步真正有多少可能"的事。一个简单的原因就是，其他的发生无生源论的时间选项不可能在此发生（因为这会导致没有足够的时间产生出"我们"来观测这些事实）。如果我们小心地穿过贝叶斯推论的思考雷区，将得到一个令人不安的结论：在地球上生命的历史长河中，我们能推论出非常少有关宇宙中生命统计的事。很可能生命确实经常在早期的、岩石的、富含化学的行星上迅速诞生。然而，这也可能并不是常态。生命的出现可能仍然只是个别现象——没有更多信息，我们就没法知道更多的事。

上述信息的关键部分本质上是简单易懂的，但实际上代表着我们这一时代最伟大的科学挑战之一。如果能够找到哪怕一例真正独立于人类这种生命体系之外的生命，我们就能戏剧性地减少我们的先前不知。贝叶斯分析甚至告诉了我们一个范围。并非少得可怜的 100 亿年或 1000 亿年仅发生一例的比率，星系范围内的无生源论最小的可能都将升至 10 亿年 1 次。这一数字足够激动人心。它甚至不需要地外行星的生命。生命链的证据表明，在地球上有着独立的无生源，这将会迅速提高我们在生命随时间诞生的概率这方面的认识。

平等地来看，在太阳系中另一颗行星上的生命也会这样的小把戏。任何这类发现都将提高宇宙中其他任何地方的生命的概率，并大大增强我们估算这一概率的信心。显然，探索我们的宇宙意义这件事从严格的科学意义上来说，只有在我们向外猎奇时才能有所进步。

飞出地球

20 世纪 60 年代晚期到 70 年代早期进行的阿波罗计划留下的最伟大的遗产之一是新发现的认知，使人们了解了挂在深黑的太空中的全然冷寂的蓝绿色大理石般的世界。但只有 21 个人飞抵月球，而这 21 人当中，只有 12 人踏上了月球的表面。总共就 12 个人，在历史上存在过的大约 1100 亿现代人中，只有这 12 个人踏上了月球。想想这一点吧。

然而，我们也做了一些重要的无人探索。精巧的机器人设备从地球上被发射出去，前往一系列目的地。自从 20 世纪 50 年代晚期的太空时代开始，我们一共发起了超过 70 次的月球任务，超过 40 次尝试探访研究我们经常看到的金星，40 次前往火星，2 次到达水星，接近 40 次观察监测太阳——通常是从安全的地球轨道上进行观测。

我们发送了探测器到木星和土星，经过了天王星和海王星，造访了小行星，在彗星核刮起一阵火光，还收集了行星际尘埃——微小的颗粒在这里诞生，这些东西飘浮在星际太空中。有一任务 15 现在正在前往冥王星 ① 和其他外海王星体的路上，这些星体在距离我们更远的地方。"先锋号"和"旅行者号"探测器甚至在前往恒星的旅途中，在我们本土的太空中旅行 40 年后，才刚刚开始它们的星际旅程，而它们所面对的将是几万年 16 的孤寂旅程。

我们自己的世界也在过去 50 年的时间里处于来自太空的持续科学监测下，我们成功地将地球外围的太空填满了带有各种功能的卫星和人造物品残骸。就在我写下这些的时候，有大概 3000 颗卫星绕着地球轨道行进，在其周围有上万片直径超过 0.85 厘米的垃圾碎片和千万吨更小的微粒。

这种程度的探索和对太空的占领，总是被寻找其他生命这样的动力所驱动。尽管我们检测过紧密的金星大气层，目睹过一场火星尘埃风暴的平息，还在木星的卫星木卫二 17 上看到过结冰的隆起，但这一切只存在于脑海之中。甚至在遥远的土卫六泰坦上，那些低温的甲烷湖，怪异而又熟悉的烃山和谷地都能引起我们认真的思考，思考在这些低温的环境下，异形生命诞生的概率会有多少，就像我在上一章所讨论的。但在用物理解释太阳系的早期——大概 20 世纪 50 年代晚期时，我们对于需要寻找什么并没有一个清楚的概念。事实上，从某种程度而言，现在仍然没有。

在过去的几十年里发生改变的是，更加浅显明确的信息增加了，在刺激我们的探索工作方面，搜寻其他地方的生命起了很大的作用。实际上，现在它经常被视为资助和支持新的行星任务的科学探索的主要目标。这一重点帮助我们改善了我们的探索方法。作为捕猎大大小小生物的猎人，我们已经成了复

---

① 在翻译这本书时，"新视野号"已经飞离了冥王星并且传回了冥王星的第一张清晰图片。——译者注

杂的工具制造者，带着设备来寻找罕见的分子，带着相机来给整个世界绘图。

　　当然，我们并不知道翻查这些火星上的沙子到底是为了做什么，或者我们究竟试图在木卫二和土卫二的表层之下看到什么。当真正来到生物这一层面时，由于我们非常依赖于对地球上的生物已知的东西，这反倒影响了我们所认为的"生命"以及我们寻找生命的方式。在上一章里，我谈到了一点地球上的生命之"树"，生命的分支分类指向了不同的领域——细菌、古细菌、真菌，可能还有病毒。人类的普遍共识认为所有这些领域的生物都来自一个共同的祖先。确实，我们往往会讨论"共同祖先"（last universal common ancestor，简称为 LUCA）。这是个单一的物种（可以想象，甚至只是个简单的根生物，一个终结了所有祖母的祖母），从几十亿年前开始，所有往后的生命都来自于此。

　　不同情况下得出的复杂统计分析（对，就是贝叶斯定律）已经被用来分析所有生物普遍拥有的、古老的遗传物质的关键部分。这一结果压倒性地支持了 LUCA 这一观念，一个单一的物种[18]设法进化出当今所有已知的生命，而不是这些生命有一大堆复杂的各类祖先。人们尚不清楚这个唯一的祖先之后究竟如何进化成 3 种或更多不同领域的生命。但大家都认可细菌和古细菌产生于真核域之前。这是个合理的观点，因为，正如我们之前谈到过的，更大的真核细胞中包含早期单细胞生物的包摄部分。这些被吸收的共生菌变成了细胞器，比如线粒体——这一结构是真核生物新陈代谢的核心，我稍后会介绍这一点。

　　研究者在 LUCA 可能的性质方面做出了大量仔细的研究，从其遗传分子工具箱的需求到它真实的物理机制。这可是个相当麻烦的工作。比如说，研究生命基因多样性的科学家们仍然无法确定，如果我们将时钟往回拨很远，生命之树上所有的分支真的会汇集成一个完全不同的物种吗？另外，在小小的基因池里，所有种类的基因可能会反复地乱伦，这一点仍然与统计结论相一致。在这样一个小池子里，基因会在个体和新生的血统之间"平行地"传递，历史可能就与共生或寄生缠绕包裹在一起。

不考虑这些细节，最终我们也会面临这样一种事实：生命是由更早的、在物种形成之前的生命形式转变而来的。那是 LUCA 之前的一个阶段，我们认为该阶段是一个真正可识别细胞物种、DNA 和一切的阶段。试图将 LUCA 之前的阶段当作"RNA 世界"[19]是这一想法的典型代表，由卡尔·乌斯（Carl Woese）在 20 世纪 60 年代第一次提出。RNA 是当今生命的另一关键分子结构，与 DNA 和蛋白质一样。在很多方面，它很像单链的、更短版本的 DNA，有一些组成上的不同。在其他方面，它非常不同。它在 DNA 与蛋白质之间的信息传递方面起到了重要作用：RNA 链将 DNA 密码转录下来，并被叫作核糖体的分子机器"读取"，就像缝纫机一样将从 RNA 信息中得来的新蛋白质缝合在一起。

这一假设的 RNA 世界是一种基于 DNA 生命的原型工厂——分子生物最初相互反应的结构。这种复杂的分子生态系统可能代表着离生命起始点非常接近的时间，但它也是从其他东西进化而来的。可能"其他东西"开始于第一粒脂肪脂质和细胞膜，以及由原始氨基酸成分进行自我复制的分子。我们只是还不知道而已。

所以，随着我们回溯至生命的起源，这一画面迅速变得复杂起来。我们没有 35 亿～ 40 亿年前任何早期生命的化石（虽然有地理学家声称在一块有 34 亿年历史的澳大利亚岩石中发现了化石细胞[20]），有的只是单细胞生物留下的化学沉积物和矿物结构，或者它们之前的那些东西。结果，我们不得不试图从这些化石分子等价物中做出推测——比如现代 DNA 中解码的蛋白质结构，每一个都像是地球生命历史中无尽生物的微观地层副本。

这代表着在回答"有多少不同的生命会在地球上出现""有多少无生源论事件会发生在太阳系的这里或其他地方"等问题时，又有一个复杂的问题。基因的化石记录并没有完美的时间刻度来匹配外围变化的时间刻度，显然我们也有点不确定构成生命起始的合适科学定义是什么。在 LUCA 出现之前，我们需要问一问，在什么时候我们会认为某个复杂的分子结构是"活的"。这个问题就跟科学一样古老，我们仍然没有一个非常好的答案，因为生命有很多复杂特征，从新陈代谢到繁衍遗传，从自我平衡（内部环境的调节）到适应性。但有些线索就隐藏在生物表层之下。

巨病毒这一奇怪的案例提供了这样一种见解。病毒在很长一段时间里都被认为"不太像生命"，而只是更简单的 DNA 或 RNA 组，完全依赖于宿主提供的分子工具箱进行繁衍。然而，自然可能不是那么容易分类的。在 20世纪 90 年代早期，研究员们研究来自空气供给冷却系统中水里的变形虫时，发现某个生物感染了这些小生物。起初它被当作一种细菌，但直到 21 世纪初期，这些小东西被放在电子显微镜下，才被准确识别出来，它的发现者们才意识到这是病毒——一种非常大的病毒[21]。

起初的巨病毒直径大约是 750 纳米，这使得它在病毒当中显得非常巨大。这一显眼的结构不仅比最常见的已知病毒要大得多，还在它自身体内携带了大量的 DNA。事实上，它包含大约 120 万核酸"字母"，描绘了超过 900 种蛋白质分子的基因。这听起来可能不多，因为人类的 DNA 包含高达 25 000 种蛋白质解码基因，但跟我们已知的常规病毒相比，最小的病毒遗传密码仅包含 4 个基因。甚至一些细菌在形成过程中都没有这么多遗传信息。巨病毒是个怪物。由于这些巨大病毒第一次被发现，更多的物种（如果我们还能使用这个词的话）为人所知，包括一种众所周知的病毒，被亲切地称为"百万病毒"[22]，它携带了足够的 DNA，能够比巨病毒多解码 140 多种基因。这意味着巨大的病毒远非某种异类，而是另一种生命模板。

它们是生命吗？它们值得在生命之树上占有一席之地吗？科学家们研究了大型病毒携带的蛋白质密码错综复杂的细节，发现了一些显著的分子证据，有助于回答这些问题。虽然这种病毒似乎仍然跟它们更小的同胞一样，依赖宿主来繁衍和延续 DNA，但它们携带着古老的蛋白质结构的基因，而这些也在细胞生命——细菌、古细菌和真核菌中存在。另外，它们含有酶类，有助于将 DNA 密码转录成蛋白质，我们之前只在细胞生命中找到过这些酶类。

这不是我们想要从病毒中得到的东西。这就好像这些大型病毒是携带了老旧的工具箱却不被认可的机器。虽然病毒能够从其他生物那里获得基因，但这些大家伙逐渐获得所有这些有用的基因似乎不太可能。一个明显的结论是，这些生物可能代表着"反进化"[23]，或者减少另外一些曾经复杂得多的东西。它们几乎、但并不完全能够自我繁衍。但也许它们曾经是这样的。在进化的路上，它们找到了一个更好的存在方法——以传染性寄生虫的形式存在；或者它们只是失败了，就像那些更加自给自足的生物。有些科学家对于这些奇特病毒的研究暗示它们可能起源于一种不同的生命分支，以在其他分支上的 LUCA 为生或与之共生。

只有时间能告诉我们这些研究未来的走向，但它们也为生命概率的贝叶斯猜想带来了一些非常有趣的问题。我们会把像巨型病毒祖先这样的东西当作真正独立版本的生命吗？它似乎使用了跟我们一样的生物化学，可能从同样的早期 RNA 沼泽或化学前身发展而来。如果它不是与我们的 LUCA 精确地在同一时期诞生出来，而是比之早或晚几千万年甚至几亿年时间，我们能将它当作独立起源的事件吗？

它那反进化的状态可能会告诉我们一些事。它可能证明了一旦生命到了某个行星上，对有着不同生物分子策略的不同领域来说，在能量和原料的竞争中为了不被淘汰出局，它们只有很少的时间。如果是这种情况，它表示行星上的生命是先到先得的命题。这意味着不大可能有持续的自然实验产生"新型"生命。它们在竞争资源和有效的生态位上根本没有机会。

这使我们想到一个重要的问题。生命的生物化学是否如我们所知的一般在地球上是独一无二的呢？也许真正独立的生命类型能找到一种方式存活下来，它们有着独立的起源，和今天的我们和平共处，并且利用了一种非常不同的生物化学。换句话说，如果它能避免和所有已知的生物直接竞争，那么它就可能隐藏在人们的视线之中。

以著名物理学家保罗·戴维斯（Paul Davies）[24] 为代表的一些科学家仔细研究了这样的生命是如何完全逃过直接检测的，或者如何能不被识别地存在于所有其他事物之间。"影子生命"可能采用了一种完全不同的化学规则，一种强烈限制其物理及化学可见性的规则。这个主张相当厉害，因为生命在地球上采用的化学是如此擅长它所做的一切。找到另一种自然可以创造生命的分子语言代表着对我们的想象力的巨大挑战，可能对自然本身也是。

显然，任何对这种影子生命的直接搜寻都是很艰难的，因为我们完全无法想象任何建立在完全不同的生物化学定律上的或走、或滑行、或飞、或游的东西。更自然的地方就是微观世界了，但也不是这么简单的。即使现在，我们所知道的有关正常微生物的主要部分都来自对大量总数的基因研究，而非个体，甚至经常都不是单独的物种，而是很多物种的基因组。即使在最好的情况下，从池塘或岩石下的一摊烂泥中进行筛选也是一项艰苦的工作。如果你在捕获影子生物，但都不知道你的生物化学测试和分析是否有用，那将会没什么进展。

有一招可以用来搜索那些在能杀掉所有"已知"生命形式的环境下存活的奇异生物。我们可以找一些有毒的环境来筛选这些特殊的生物。需要注意的是常规的旧式生命好容易才精于适应和存活，这一性质在 2010 年年末引起了媒体与科学界的小范围争论。

即便以地球上我们所找到的最奇怪的环境标准来判断，我们研究的这个环境也相当奇怪。那片湖叫作莫诺湖，坐落在加州约塞米蒂国家公园东侧外围，紧邻内华达州。莫诺湖是一片形成于 76 万年前的内陆湖。湖水被陆地隔绝，与当地矿物和火山环境结合在一起，使得水中富含盐和碱。人类活动加剧了这一情况：20 世纪 40 年代，很多本应该汇入这片湖的溪水被改道流出，以解决洛杉矶日益严峻的饮用水问题。

淡水汇入越来越少，这片湖泊蒸发得很快，变得越来越浅，含盐量也越来越高，是一般海水盐分的 2 倍。尽管如此，这片湖水仍然孕育着一个十分多样的生态系统，有盐水褐虾、依赖水的碱蝇、微生物，还有以这些小家伙为食的成群的鸟类。这些高毒性水能够产生生命相当令人难以置信。比如，山上还有高浓度的砷汇入湖中，这对常规的生物化学来说意味着巨大的挑战。砷是现今已知最有害的元素之一。砷原子和磷原子有着相似的化学性质，而磷在生物化学中是一种非常重要的元素。砷原子更大一些，但它最外围的电子排列和磷一样。因此，如果我们以砷酸盐[25]的形式摄入了砷，这些分子能够轻易地欺骗我们的系统，让系统以为它们是磷，而这将带来毁灭性的后果。

我们的身体会错误地利用这种砷酸盐，将之融合进各种关键地方，从能量转换分子[26]甚至到DNA骨干，在这些地方，磷通常都发挥着重要的作用。虽然对生物化学来说砷可能跟磷一样，但其功能完全不同，而最终，这些异形的分子会中断并破坏细胞功能，杀死宿主。砷和磷相似的化学性仍然非常神秘，也使一些科学家推测某些生物可能并不会因此而死，而是通过利用砷（而非磷）发生了进化。砷基生命可能出现并占据了特殊的生态系统，就像莫诺湖底藏在黏稠的泥巴里的那些生命。名义上，至少这一假设听起来像一例可能的影子生命。

但这类想法的基本假设中存在严峻的问题。有机化学的特殊机制构成了地球上的"正常"生命，体现了特殊原子和分子的宝贵物理学。用一个大小、质量不同的原子进行替换会完全改变原子和分子与化学反应能之间的能量关系。单独基于物理来看，似乎不可能发生砷替代磷而不改写生命的生物分子密码这种事。

没有什么能比得上实验出真理了，在2010年年末，一批由NASA资助的科学家发表了更为细致的在莫诺湖富含砷环境下的微生物研究成果。他们设计了一组实验，以测试出任何能够抵抗砷元素的毒性或真正将之融入其生物化学的生物。为了实现这一点，他们在磷含量不断降低、有着高浓度砷元素的液体中培养了细菌和古细菌样本。值得注意的是，有一种[27]隶属于单胞体细菌家族的细菌——嗜盐菌，似乎适应得非常好，甚至在几乎没有磷的情况下也存活得很好。科学家们很好奇这种微生物是否有可能做出完全不同的事，是否揭露了隐藏的那一面。它会是砷基生命吗？

随之而来的是一些毫无根据的科学傲慢，媒体大肆宣传，称这一发现改变了地球上生命的根本，接着又出现大量的猜测和流言蜚语。就在这些消息传出之前，我很幸运地读到了 NASA 即将发布的官方报告。我快速浏览了这份报告，它看上去非常有趣。科学家们似乎认为他们有明确的证据证明这种细菌不仅能抵抗砷的毒性，而且在将砷融入其 DNA 中后还能继续正常工作。我在此引用[28]对这些科学家的声明的回应："这就好像你或者我被丢进了一间满是电子废料的屋子，里面没有任何东西可以食用，之后我们变身成了全功能的电子人。"

然而，就在这些科学家的报告发表之后，微生物学家开始用分析的眼光来看待问题。有一些媒体发布的声明在该报告中并没有得到充分的证实。但要对这些结果进行复制和检查远非易事：这是一种事先未知的物种，需要大量的测试和实验来重做这一研究。这对科学来说并不是一个黄金时代。个性阻碍了进步，一些记者在探索最终故事的道路上助长了炒作之风。

最后，这种狂热退去，其他实验室的科学家们独立地研究了这一实验。我认为公平地说，在这一点上他们总有一天会达成科学共识。这种细菌出乎意料地能够适应砷的毒性，但并不是砷基生命。它非常善于在这种环境下找到一种生存方式。它甚至可能试图将砷融入某些过程中，作为磷的功能性替代物，但这远不如通常的磷基过程有效。也没有证据表明砷在细菌的 DNA 中起着和磷一样的作用。确实，拿掉实验中最后的一点磷后，就像所有其他已知的生命一样，这些细菌也会死亡。

具体来说，2012 年的一项研究发现这种细菌中的蛋白质负责将含磷分子从环境中提取出来，而这种蛋白质对含磷分子的偏好是含砷分子的 4000 倍[29]。换句话说，这种生物在发现其处于砷环境中时，会非常善于挑选出磷。这种挑剔的习惯能够帮助这种细菌存活，而其他细菌则抵挡不住砷毁灭性的效果。

这太糟糕了。它曾经是一例影子生命的奇妙发现，然而却不是表面上看到的这样。相反，这是个警世故事，强调了在我们眼皮底下寻找影子生命所面临的挑战，这些影子生命可能并不一样，并且来自一个完全独立的起源。这件事的困难程度本身就告诉了我们一些重要的事。为什么看起来这么难，而人类这么容易被愚弄？

这个问题使我们不得不回头检查我们推测宇宙性质的方法，包括我们自己的状态。贝叶斯的理论告诉我们，目前仍缺乏关键信息，包括生命在地球上或者宇宙中其他地方是否独立发生过不止一次。我们有很多证据表明已知的生命非常适应宇宙的元素和化学组成，我们也发现宇宙制造了大量的行星。但我们还未成功地将人类的存在与所有这些量化性的方式联系起来。我认为从满是星际分子和行星形成过程的宇宙知识向下推断，我们会取得更大的进步。很容易看到，地球上生命的性质和这样一组宇宙条件是有关的。如果从另一个方向来看，从我们对地球上生命起源的了解和猜测向上推断，以此来预测其他地方产生生命的可能性，似乎并不能形成多少深刻的见解。我们过去沿着这一方向所做的努力导致了一些相互对立的猜想，从人择唯一性到世界多样性。宇宙无生源论的现代贝叶斯推测把我们带回到了起点。

当然，不可避免地，我们有关宇宙中存在的生命的推论有些基于我们自身的环境，但这种想法也是很危险的。为了避免这一陷阱，我们需要意识到关于宇宙的观点本身就是我们基于状态和环境下的产物。遮在我们眼前的布或许比我们意识到的要大得多，我们需要试着将它们揭开。

THE
COPERNICUS
COMPLEX

如果，哥白尼错了

PART 3

地球与人类存在
的第三种意义

还有一种可能会使我们自己的宇宙发现
史完全颠倒。假如地球从来不是一颗真
正的行星，而在星体排位上处于更低的
位置呢？如果我们的家乡事实上只是一
颗卫星呢？

07

这里发生的事与众不同

地球是一颗小行星，身处于大量大型行星构成的密集系统内，在内部轨道上运行着巨大的岩石行星和大量充满天然气的行星。

　　如果你愿意的话，想象一下，地球并非围绕一颗恒星运转，而是和两个太阳组成一个系统。这不是科幻小说中的设想。我们知道，确实存在这样的行星系统——一颗行星围绕着一对互相绕对方旋转的恒星旋转。开普勒-47（Kepler-47）[1]就是如此，它是被 NASA 观测站用开普勒望远镜发现后命名的。每隔 7.5 个地球日，这对恒星便会完成一次轨道循环。在它们"跳华尔兹"的圆圈外，至少有两颗行星缓慢稳定地围绕着它们旋转。

　　当然，我们没办法精确预测在这种环境下如果有人类生存，他们对其所见的天空会做何反应。但发挥一点想象力后，我们也能找到一些蛛丝马迹。（为了方便，我们假设其中一颗行星像我们的地球一样旋转。）在白天的那一周里，人们会看着他们的双星太阳从天空划过，就像两只围绕对方旋转的明亮圆盘。如果空间位置完全对齐、成一条直线，那么在一定时间内，两颗恒星会轮流遮挡对方。因此在这颗"地球"上，人们将体验到黑夜、白天，以及大约一周两次的重叠日（见图 7-1）。

　　在这样的系统里，人们又会发展出怎样的宇宙观呢？当然，有一些重大的因素需要考虑。比如，因为这颗"地球"绕着双星太阳旋转，恒星间的日食发生的时间会产生偏移。这样的偏移会随着时间的流逝持续近一年，如果这颗行星的轴像我们地球的轴一样倾斜，那么日食的时间会随着每个冬至的到来发生显著的变化。这是一种非常棘手的变化，需要一个更加清楚的解释。

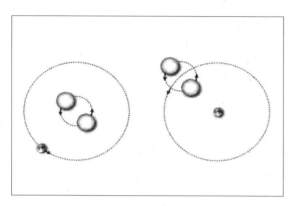

注：虽然如图中左图所示，真正的架构中心在恒星上，但智慧物种仍然可以构建一个精确描述他们所看到的天空的模型，并让模型表现为以行星为中心（如图中右图所示）

图 7-1　另一颗"地球"的双星太阳

虽然这个系统如此怪异，但地心说（根据这一学说，行星被视为宇宙中心）仍可成立。恒星会单纯地绕着另一颗恒星运动，就像托勒密的宇宙说那样，而这个双星系统的中心会绕着这颗"地球"沿更大的圆形轨道运动。

通过对地心说模型做一些几何调整，就能适当调整对日食时间的预测，使其与季节对应。就像我们真正的地球一样，建立正确的日心说（想想阿里斯塔克）的最大线索就来自系统中其他行星在天空中穿梭的轨迹。

就算是双星系统也未必会给予当地原住民任何关于他们存在意义的线索，他们也需要等待一位"哥白尼"来纠正他们错误的记录，并发现他们的家乡不是中心。但这只是一个例子。接下来，考虑另一个场景。

我们可以想象一下，地球是一颗小行星，身处于由大量大型行星构成的密集系统内，在系统内部轨道上运行着巨大的岩石行星和大量充满天然气的行星。基于我们所看到的系外行星的情况，上述情况比现在我们太阳系的实际情况更有可能发生[2]。假设这个满是行星的系统在我们预设的地球和太阳之间有 8 个行星，这些行星都比地球大，有一些甚至是海王星的大小。最近的一些研究发现，确实有一些系外行星系统有类似的构成[3]，我们尚不知道它们之中是否有类似我们在地球上的家园的环境，但我们知道存在这种可能。

在这一场景下，系统内的行星夜夜出现在天空中，像一个闪亮的物体飘过天空，随着时间的流逝来回穿梭，不断出现又消失。这些巨大的行星是如此之大，以至于肉眼都能看到由太阳反射引起的不断变化的月牙形光亮——无须另一个伽利略造出望远镜来观测这一现象。

面对这一切，我们想象中的亲戚们不会认为行星的运动仅仅是不一致的，绝不会这样。这个"地球"上的原住民很快就会发现，所有的行为都是围绕着太阳进行的。这丝毫不会消除他们的自豪感，他们会试图证明地球是独一无二的——毕竟，这就像是坐在房间里最好的位置上观察内部的下层世界中发条般的运动。他们的文明仍然有充分的证据表明，夜晚看到的那些微小的、没有移动的恒星距离他们有多么遥远。但这些发光的针状物无法还原成行星般的盘状物，所以如果它们是其他行星，必然距此十分遥远。如果它们是其他的太阳般的恒星，那很显然，它们的行星系统将因为距离太过遥远而无法被观测到。在这个世界的自然科学里，原子学家和多元主义者将占据主导地位，而其理论也会证明宇宙中存在大量其他行星系统。毕竟，某些真理是不言而喻的。

还有一种可能会使我们自己的宇宙发现史完全颠倒。假如地球从来不是一颗真正的行星，而在星体排位上处于更低的位置呢？如果我们的家乡事实上只是一颗卫星[4]呢？对一颗气体巨行星来说，卫星说是完全合理的——它足够大，可以具备大气层，也可以表现出与行星相似的属性。在我们的太阳系中，土卫六非常轻松地满足了这些条件，那么更大的卫星也可能在别处存在。如果有一颗巨大的行星围绕着太阳般的恒星旋转，其距离正如我们与太阳之间的距离，那么它的卫星也可以拥有如现在地球般的温度和类似的表面环境。这是个复杂的现象，但在科幻小说作家和电影制片人眼中是相当受欢迎的题材。对文明的发展来说，这是一个非常有趣的假想案例。

围绕大型行星运动的卫星最有可能的物理配置就是自转与公转同步[5]。换句话说，卫星总是会只有一面面对着它的母星，它自转一周的时间，与它绕着行星旋转一周的时间是一致的。我们自己的月球就是如此，这也引起了延续亿万年的潮汐涨落。这些小的拉力与拖力会逐渐减缓卫星的自转速度，无论它原来的旋转速度如何，最终自转周期都会与公转周期一致（见图7-2）。

所以，我们假想的"卫星地球"的一整个半球将总会面对着巨行星，这个大型物体遮蔽了大约20度的天空，相当于伸展手臂后看到的一双手的宽度。而"卫星地球"的另一边永远无法看到在它背后的行星，永远面对着外太空。确实，来自另一半球的第一批现代探索家在横穿地表时，会惊讶地看见陌生的行星从地平线上升起。

时间的推移是由卫星近地面一系列非凡的表现所展现的。晚上的半黑暗时期，母星明亮地悬挂在天空中，反射"太阳光"——行星的光芒，并使其充满这个卫星的世界。在这一场景中，想象一个轨道与轴向倾斜的几近完美的几何对齐，导致"卫星地球"直直掉入大型行星盘的阴影中，即使是毫不在意的旁观者，也能看到黑点缓缓穿过巨大的气体。

注：上图，轨道配置（非等比缩放）显示了巨行星围绕其恒星旋转的过程以及该行星的卫星（包括地球）的部分轨道。下图，在卫星地球附近看到的巨行星与恒星现象的原理图。从左至右，我们经过了行星照，到全白天（恒星从地平线升起），再到全夜晚（恒星黯然失色，似乎移动到了固定的巨行星的背后）。虽然不是等比缩放，但可以想象，当我们穿越这些不同的阶段时，其他的卫星和薄的圆环系统将会变得可见。

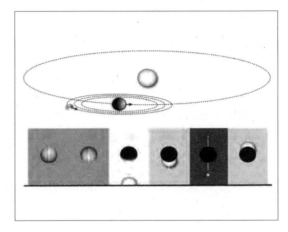

图 7-2　假设地球是一个巨行星的卫星的系统示意图

对那里的居民来说，这是关键的一部，因为当阴影到达行星盘的边缘时，意味着"行星照"（阳光照射的巨行星平稳地悬挂于天空）的夜晚的结束和新的一天的开始。太阳逐渐从地平线上升起，虚空之中似乎有魔法的联系一般，伟大的母星在同一时间开始变成收缩的新月，在巨大球体表面增加的阴影就此终结。

受到这种阴影观测现象的刺激，一代又一代的几何学家和数学家孜孜不倦地研究着我们假想出的家园卫星问题。但自然尚未就此结束。现在，经过短暂的全光照之后，卫星靠近行星的那边将要进入漫长的黑夜。这一刻，伴随着天空中的行星盘（仍在其位置上，未曾移动）开始暗淡下来，只留下一枚明亮的新月，第二次交替的黑夜就此开始。太阳划过天空，径直朝行星盘移动过去，藏身于行星盘之后，并形成了日食。

黑夜笼罩世界，在夜幕中的天空里，遥远的恒星似乎更加明亮，除了它们被行星盘以及它那鬼魅般的光晕（一道微弱的、闪烁的光环）遮住的地方——此时，行星的大气折射并反射着太阳光。无数的诗歌描绘过这鬼魅般的光晕，即使科学解释了它的起源，依然有无数诗歌描绘着这一幕。在第二晚，另一现象也同样生动。它一直都在那儿，但之前总是被行星和太阳盖过了风头，我们现在能看到了，一道细细的光横跨天际。它来自变黑了的母行星盘的另一面：围绕着这个巨大世界的冰质圆环的侧面。还有另一组神奇的天体出现在眼前：数十个明亮的斑点，其中有一些可辨别出像是小型圆盘。这些光珠在天际展开，与行星环的细线排成一条直线。

几个世纪以前，这个"替补"地球上的伟大哲学家和天文学家认为，这些光珠只不过是跟我们自己的世界一样的卫星罢了。事实上，他们测量这些光珠的运动和亮度后，通过几何和逻辑确定了母行星确实是当前天际的中心。狡猾的天文学家们也发现了，这些天体围绕母行星旋转一周的时间与它们和母行星之间的距离的特定关系。不只如此，他们还意识到，他们自己的世界绕行母行星的运动跟这些规律完全一致。

在这个假想的地方，只需要几步就能建立宇宙规律：力的大小取决于质量的大小——这一定律即引力定律。随着更大、更好的望远镜被制造出来，科学家们追踪了其他遥远的、之前未被注意到的行星（有些有着它们自己的卫星）。这个另外的地球上的原住民们很快推测出，所有事物都围绕着太阳旋转。宇宙引力定律轻而易举地对这样的运动给予了解释。家园卫星上的占领者们崇拜他们等级分明的美丽世界观。太阳是祖母，母行星围绕着太阳旋转，女儿卫星围绕着母行星旋转——所有这一切都遵循着同样的、永恒的物理定律。

显然，在这个想象中的卫星上的生物很容易就发现了我们经过几千年努力才发现的宇宙中的行星秩序及我们所处的状态。为什么会这样？因为当谈及宇宙时，环境就是一切。这些环境首先也与生命存在于这里的概率密切相关——伟大的"先有鸡还是先有蛋"问题。回答这一难题，是解决在支持与反对宇宙唯一性和重要性的证据之间的矛盾的下一步。

所有这些假想的世界（据我们所知）都只是试图说明实际情况的实验。现在，让我们回到真正的地球上。关于科学史和人类研究宇宙的历史，有一件事让人大吃一惊：重大见解是依赖于最令人厌烦的科学细节而产生的，这样的事的发生频率是可以想象的。这本身可能是我们在宇宙中的地位这一问题的重要线索。

很多关于自然的发现只有在检测了微小的细节之后才能真相大白——一开始，这些小小的不一致看起来如此深奥，之后却看起来如此奇妙。当人们对行星任性的运动、奇怪的恒定光速、生物物种的微妙变化与层层叠叠的令人困惑的化石感兴趣时，才会有所突破。人们需要废寝忘食地研究这些问题，而最终，大部分问题都会让人担心数年，感到不安。有时候，在这一艰巨任务中，人们会将个人的喜悦之情带给他们满是绝望和烦恼的同事们。有时候，甚至理解这些科学家为什么大发牢骚都要让大众花上一段时间。哥白尼在思想上的改革就是绝佳的一例，它充分展示了极度枯燥的细节是如何创造了最戏剧性、最振奋人心的改革的。哥白尼最重要的成果，伟大的《天体运行论》中充满了专业的技术性天文学细节，只有当时最优秀的天文学家才能明白其内容，并为之欣喜若狂。确实，它那可怕的复杂性显然有助于将其与由教堂和国家导致的更糟糕的批判主义区别开来。21 世纪的物理学家和哲学家托马斯·库恩（Thomas Kuhn）在其历史学科研究中相当枯燥地说道："反对派们更易理解的那些工作可能……早已被封存。"[6]

这没什么可惊奇的，因为从很大程度上来讲，哥白尼的初心是改善当时宇宙机制的基本模型，而不是制造一场争论。在这方面，他与迷恋火车收集的人类似，而他试图总结出关于夜空中行星位置更加精确的时间表。重置宇宙结构这一想法可能只是这些努力的副产品（虽然他清楚地了解其影响）。抱歉，哥白尼，我们爱你的成果，即使它并不是床头读物。

仅仅半个世纪之后，学业有成的开普勒也受到类似想法的影响，至少工作了 8 年，来研究火星和其他行星的轨道。除了想要确定他所谓"钟表机械"的行星运动并辨别造成这些的原因是什么之外，他还想要消除行星运动中那些烦人的不一致——行星亮度的变化和偶尔不合时机的出现位置，这些给早期的天文学系统带来了许多麻烦。

甚至当伽利略终于看到绕木星旋转的卫星运动、无数组成银河系的恒星、月球上的阴影，以及金星月牙形的光亮时，它们仍然是由微小的线索得出世界观这一难题的一部分。天才们都试图找出，从这些细节中能够推断出什么：日心宇宙、轨道的真正形状及运动和力的性质。

所以我们能看到，我们对宇宙和我们在其中的地位逐步发展的理解，是如何受到地球、太阳系及其在空间和时间上的位置这些方面的特殊环境影响的。当然，回顾科学的历史，我们很容易认为我们现在知道得更多，我们不会再有那种狭隘的观念。我们可以假设现代技术提供的观测和测量精度，使我们走出了所有那些早期与性质的细节做斗争的泥潭。我们可以测量天体的位置，精度可以达到千分之几，或者测量几十亿光年的距离和速度。但真相是，在研究宇宙和微观世界上，我们仍然受到我们自身环境的限制和蒙蔽。

回到第 1 章，我当时曾经问过，如果天文学的历史与现今不同，会发生什么；如果伽利略持续创造出大型望远镜，并发现了其他世界的生命，会发生什么。这可是非常梦幻的事，但现在我们知道了，我们的星系和宇宙是一个整体，里面挤满了其他的行星。我们也知道，各种各样的世界和它们广泛的构造与历史，使我们在统计学上更倾向于认为，我们的行星环境是与众不同的。正如我试图用那些其他世界上梦幻般的人类生命所解释的那样，这意味着我们的世界观可能也是与众不同的。

此刻，我脑海中浮现出的第一个问题就是：人们的观点是否帮助或阻碍了科学方法本身的发展？目前这些盲区对我们隐藏了些什么？第二个问题更加令人不安：如果正是使得地球上生命成为可能的行星系统的构造和历史，也在我们发现宇宙的路上设下了重重障碍呢？或者这么说：像人类这样的生命总是会问同样的问题，是因为这些生命只能存在于同样的宇宙环境中吗？

我们想象出的天体场景——从双星到类似地球的卫星，在物理和天文学中都是可以成立的。我们不知道的是，这在生物学上是否成立。一方面，我们不知道这些推测的行星环境是否会有让生命难以诞生和进化的因素。另一方面，我们没有理论可以预测哪种知觉会进化，或者不稳定的概率和历史会如何影响人们对周围宇宙环境的解释。

毫无疑问，对我们来说，一组其他形式的行星环境会轻易地带来不同发展的自然哲学和完全不同的科学历史。不论好坏，我们自身的世界观都会时时陷入困境，因为一些最重要的线索淹没在我们所看到的周围的一切细节中。但在任何经过漫长时间都能够产生生命的行星系统中，可能事实就是这样。

以一个令人深思的事情为例，我们回过头来看看开普勒对火星轨道的分析。你应该还记得，他选择研究火星在天空中的轨迹。而之所以做出这样一个最终结果令人振奋的选择，是因为火星是大行星中除了水星之外有着最不圆轨道的行星。但开普勒的选择也是受到变幻莫测的时间和天体物理学的影响而无意识地做出的，因为我们已经知道，火星的轨道过去不是，将来也不会是它现在这个样子。

事实上，太阳系中总体轨道的动态变化非常趋近于混沌，而火星的轨道随着时间发生变化[7]，并受到其他世界的引力影响——特别是木星和土星。火星轨道的椭圆率能大幅发生变化，在大约 9.6 万年的时间里振幅变化达到 2 倍。经过更长时间的演变——几百万年到几千万年，其轨道能够从几乎正圆形变成比目前椭圆率大 2 倍的椭圆。

换句话说，如果人类早几万年或者晚几万年出现，如果仍然有一位"开普勒"研究"布拉赫"的行星运动图，他要么会更加困难，要么会更加简单地发现这一切。如果在布拉赫进行测量时，火星还处于一个近乎圆形的轨道中，那么它不会提供任何行星运动更加普遍的性质的线索。同样，如果火星处于一个更加椭圆的轨道中，那么有些人可能会轻易地打败开普勒，获得这样的殊荣。

但随着时间改变形状、角度及其他参数这种轨道行为和太阳系整体结构及其更深层的历史是密切相关的，正如我们之前所讨论过的。地球的轨道和旋转方向也经历着微小的、缓慢的变化。这些构造上的联合变化似乎和陆地气候的长周期变化有关，包括每 10 万年发生一次的冰川期。一种有趣的可能是，在历史上的很多时刻，当火星的轨道条件能够轻易测出椭圆率时，地球上的温度条件可能并不适合人类这样的物种。

在适合居住的行星上，物理环境的其他变化可以彻底地改变我们对宇宙的看法。如果我们的大气层由凝聚的水组成，或者被由有机分子（如甲烷）的光化学引起的烟雾覆盖，我们可能就永远都不会对太阳和月球之外的其他天体做出精确测量。很可能在地球上有这样的时期：几千年的坏天气阻碍了我们研究宇宙的发展，如果我们那时存在的话。

太阳系的星系环境更容易阻碍宇宙观念的形成。我们知道，太阳和其行星在银河系中遵循着一条每 2.3 亿年左右完成一次循环的轨道。但这条轨道并不是完美的圆形或椭圆形，因为星系本身就是波动的，凝聚着质量和复杂的引力场。此外，星系的组成物没有一个是稳定的，它们也有轨道，跳着一曲三维的芭蕾。

结果就是，我们的太阳系和数十亿其他星系一样，不可避免地遭遇了大块星际空间[8]——包含着更密集的分子气体和微小的尘埃颗粒的星云。通常需要几万年到几十万年的时间才能穿过这些区域。这也许几亿年才发生一次，但如果现代人类文明是在这样一个时期诞生的，我们几乎不可能看到比最近的恒星更多的东西了，更不用说星系的其他部分或者更外侧的宇宙。

那么这时的行星环境是否还是如此不同，并仍然能使我们产生？行星系统中更加变化多端的轨道、坏天气或者穿越星际云的旅程会不会也在某种程度上阻碍了生命的诞生？像这样的现象可能不是什么好事，导致了行星上敌对的表面环境。所以，或许能形成像我们这样有感觉的生命的行星，必然总是呈现出有着特殊宇宙场景的这样一类生物的感觉和思想，这是一扇通往宇宙的窗。如果这听起来很熟悉，那是因为人择原理的前提正是如此：一个观测者能看到这些类型的周边环境，是因为对观测者来说，它们首先是必须存在的。在这种情况下，这种基本的思想更加狭隘，解决方法可能也更加简洁明了。

　　生命与行星环境的关系使我们回到了那个反复出现的问题：类似地球上的生命到底有多稀少或多普遍？生物学家经常将这一难题分成两部分，一部分关注"简单"生命，另一部分关注"复杂"生命。而一些科学家倾向于将两者合并成一个单词——"生命"。但"简单"和"复杂"之间的严格区分，就和我们之前在比较细菌、古细菌和真核生物（地球上的三大生命领域）时所遇到的一样。真核生物，就像我们，拥有着比细菌和古细菌更大的"复杂"细胞，且含有更加复杂的结构。严格说来，它们将自己的DNA包裹封装在小小的细胞膜囊（细胞核）内保护起来。我们认为，这种复杂的细胞形式比"简单"的细菌和古细菌诞生得要晚，没有它就不会有我们这样的生物行走在地球上。

　　有简单和复杂生命这一事实，反映出我在序言中提到的一个想法："稀有的地球"假设[9]。这等同于"稀有的复杂生命"假设，因为它依赖于复杂细胞生命在宇宙中相当与众不同这一观念。进一步扩展，有思想、有技术的生命可能少之又少。称这种复杂细胞生命非常稀少的主张是一个非常重要的、值得探索的想法，但我想提醒你，我之前提到过，我并不认为这样的基本前提（地球是稀有的）是经过证实的。

　　地球是稀有的，这种想法意味着特定的系列行星事件和性质必须按序排列，才能使复杂细胞或者智慧生命进化。另外，简单生命（例如吃岩石的微生物）可能更容易产生。为了研究这一主张，我们可以看看地球历史和环境中的大量细节。以水为例，这个简单的分子包含2个氢原子和1个氧原子，在地球上是非常重要的生物化学溶剂，也是地球物理机制的核心组成。但行星上水的数量，以及大部分表面水是不是液态以便复杂生命能够利用、享有它，都受到很多特定事件和情况的影响。

我们可以知道，地球上水的存在与太阳系中小行星、彗星和大行星的构造有关，还与地球轨道过去和现在的演变有关。另外，复杂生命可能得益于保护性的行星磁场的存在，而地球磁场反过来和地月系统形成的方式有关，甚至受到月球潮汐力的维持。没有月球这个巨大的卫星，地球的转轴倾角也会经历一番相当大的变化。如果是这样，气候的巨大变化会给复杂生命带来比耐寒微生物生命更大的挑战。地球大气层和海洋化学跨越时间、不断演变的组成也毫无疑问地和地球物理的各种奇异变化有关，有一些能追溯到前太阳的、原行星时期——来自本土的超新星放射性同位素被封进了地球里，成为结合在一起的混合物的一部分，释放着热量。确实，大陆板块构造学的运动取决于地球内部的热量、化学、行星表面的地质环境、大陆的交互、海床和大洋等因素，如果没有这一切，情况将会非常不同。

如果我们将这些因素和过去 40 亿年所有物种发展的时间轴叠加在一起，会发现生命的进化结构看起来就像纸牌做成的房子一样，一点都不牢靠。任何一点小的改变都有可能阻碍导致复杂生命和像我们这样的生命诞生的事件链 [10]（在更大的时间跨度上，这就像我们的祖先在几千年前走出非洲、选择前行道路时一样危险）。

这是"地球是稀有的"的关键论据：在地球上，复杂的、有智慧的生命诞生都严格依赖于部分，甚至上述提及的全部特征。此外，只有很少（如果有的话）其他行得通的选择。如果这是真的，那么这意味着只有跟地球几乎完全一样的行星才有可能拥有像我们这样的生命。换句话说，纵使宇宙满是行星，复杂生命也必然是与众不同的。

看似不太可能的是，我们的行星条件和历史可能并不是导致地球稀有的最大因素。一些科学家认为，纯粹从生物学角度考虑的话，复杂生物非常不可能在任何地方诞生，因为需要有特定的事件在正确的时间和地点发生，才能产生重要的分子机制。这再次暗示了复杂生命在宇宙中非常稀有，而特定的环境是必需的，只有特定的环境才能促使生命诞生。

这种生物论据的中心部分就在于，细菌或古细菌不能轻易地"升级"成更大的、更复杂的物理形式，因为它们无法高效地处理能量。生物拥有的基因越多，将遗传信息转化为蛋白质所需要的能量就越多。由于受到相当基础的能量制造方式的限制，微生物的个体无法随身携带大量遗传物质，因此它们只能保持简单的形态。

正如我所讨论的，真菌细胞和这些单细胞生物不同，而造成这种不同的还有一个原因：它们能够包含额外的、被称为线粒体的结构——细胞膜内封装有 DNA、RNA 和很多酶的一种结构。这些封装包与细胞本身保护生物最重要的 DNA 的细胞核是区分开的。线粒体是个神奇的东西。除了其他的功能，它们就像是化学能力定制化的植物，为真核生物提供服务，通过氧化物来制造重要的分子，如同强效的载流子一般在细胞之间来回穿梭，运输电子能。它们从根本上解释了我们为什么必须呼吸氧气，以及我们为什么能长到这么大。

线粒体使我们这样的生命成为可能，因为它们提高了我们新陈代谢的效率。和微生物相比，线粒体提供的能量能够产出 20 万倍的基因数量。但线粒体起初几乎就是细菌。我们认为大约 20 亿年前，它们和真核细胞的前身融合在了一起，变成了内共生的（完全包含在宿主内），并成为非常重要的能量创造者。

到目前为止一切顺利。但一些科学家，比如生物学家尼克·莱恩（Nick

Lane）和比尔·马丁（Bill Martin）[11] 认为，融合了线粒体祖先的生物不可能比它本身更复杂了。他们坚称，真核生物的复杂细胞来源于两种简单生物的结合。根据莱恩和马丁所述，整个复杂生命的历史依赖于简单的、随机的且非常不可能的细胞融合。

在我看来，这可能是目前为止关于"地球上复杂细胞生命的起源是一起极度幸运的事件"最强有力的论据了。它是平行的，但又替代了原本在生命和一系列特定环境之间建立起关系的天文物理学或行星论据。如果像上述论据总结的那样，一系列相关的环境对生命来说是必需的，那么有很多行星和地球相似的概率是很小的。但它缺乏明显的、成定局的线粒体论据。

胞内共生

> 一种生物和平、永久地生活在另一种生物体内，双方共同得益。

还有一些其他的、令人震惊的大型胞内共生的情况。比如，叶绿体（光合作用的核心结构）在植物细胞中，意味着发生了类似的融合。科学家们认为这些株型的微生物结构起源于蓝藻细菌，一种古老的能进行光合作用的微生物生命形式。但植物也含有线粒体，它们比复杂细胞出现得更晚。事实上，所有证据都表明自从几十亿年前那次"线粒体事件"发生后，类似的事情再也没有发生过。

这一理论很引人注目。但我们不知道，线粒体的祖先是否只是和另一种单细胞物种简单地融合在了一起。如果一种原型真核生物生命形式已经存在（也许是一种更复杂的古细菌），线粒体事件可能只是那种生物进化的一步，在此之前已经发生过一起不起眼的内共生事件，那时原型真核生物吞噬了有益的微生物，并没有消化掉它们，而是将其留在了体内。这就会使得线粒体事件变成了远非核心的，而我承认我更倾向于认同这一点。我对这一系列取决于"不太可能的"事件的推理感到焦虑。其中一些与 20 世纪的科学家，比如物理学家弗雷德·霍伊尔的观念类似，这些观念表明地球上的生命起源需要一次外部的"播种事件"，认为陆地生物化学起源于一种来自地球之外的生物（完全自然的、像是细菌类的生物）。我们将这种概念称为有生源论[12]。

就像霍伊尔和其他科学家认为的那样，如果你将原子和分子混在一起，放在原始地球某处的一个池塘里，在几十亿年的时间里它们自发地形成 RNA 或 DNA 分子的概率几乎为 0。根据上述情况，生命不可能是自发地产生的，必须是由其他地方的某种生命形式或生命原型的到来促发的。无生源论的问题被外包给了宇宙来解决。

今天我们认为，基本分子结构和复杂分子结构的组合方式、从复杂系统中自发产生秩序的方式，都比我们过去想象中的要高效得多。我们也认为在早期的地球上，有很多无生命的、无机的化学和物理模板，帮助推动碳化学变成完全成熟的生物化学。霍伊尔想象出的有生源论里，这一点似乎是没有必要的。所以，虽然现代的思想并没有解释所有事，它却提醒着我们应该提防这样的假想：从根本上来说，一种没有被完全理解的生物现象不太可能发生。所以，在我看来，假设含有线粒体的复杂细胞从微生物大锅中诞生出来只有很小的可能性，至少从表面上来看，这接受了同样古老的有生源论思想，认为生命肯定是不可能的，因为看上去就是如此。

我将会进一步做出阐述。如果说科学的历史教会了我们什么事的话，那就是，我们需要的不仅仅是提防这样的假设。我们能够并且应该忽略这类最为极端的想法，原因在于它们总是受到有关自然的统计的误导性直觉的影响。事实上，反对任何版本的"稀有的地球"的最为确凿的论据之一就来源于一种相当简单却有力的对自然概率的审查和对随机性的看法。

概率审查与随机性

有这样一个故事，统计学教授过去常常讲给新同学听，让同学们醍醐灌顶。而这个故事也强调了一些我们的固有习惯，即我们总是将信息放入上下文。像很多好故事一样，它们总是有各种版本为人传诵。我将用体育来展现这一想法。

某天晚上，乔（Joe）坐在家中，突然接到了一个电话。令他惊奇的是，这通电话来自一位他 5 年没有联系过的好友。他们聊着天，这位朋友告诉乔，他碰巧有一张那天晚上的大型棒球比赛的多余的票，想问问乔要不要去。

一小时后，乔在体育馆中走向他的座位。5 万名粉丝坐在座位上，整个体育馆人山人海，每个人都肩并肩地挤在一起。当乔和他的朋友找到他们的座位时，有人问他们是否介意换到距此约 4.5 米的某个稍微好点的位置，这样的话，问话这个人就能和家人坐在一起了。乔觉得没问题，于是就坐在了他们的新座位上。

比赛开始了，著名的击球手在本垒上做好了准备。乔坐在座位上，看到一个零食小贩在走道里，将他叫了过来。就在乔从小贩的托盘上拿东西时，场地中的击球手挥出了球，并将它打到了走廊处。球径直飞向观众席，撞到了小贩的托盘上，并正好跳进了乔的手里。这是历史性的一击，球在此刻变成了一件体育纪念品。

　　乔摇着他的头：他不敢相信他是如此幸运。如果他那长期未联系的兄弟没有给他打电话，如果那个兄弟不是正好有一张比赛的票，如果他们没有换位置，如果他没有在那一刻从小贩那儿取一包零食，他都不可能拿到这个球！这太不可思议了，很长一段时间乔都好奇如果他没有那么多奇遇会怎样，他成了神秘巧合事件的避雷针。

　　看上去很合理。如果这样的事发生在我们身上，也会让我们的大脑停滞。我们也会好奇是不是宇宙选中了我们，让我们成为这一事件的主角。毕竟，所有这些事情如此完美地排成一排的概率能有多少呢？

　　问题在于我们的直觉在面对随机和概率的事件时，非常容易受到误导。从乔的观念来看，这就像是一系列不可思议的不可能事件。体育馆里有 5 万人，这个球偏偏就在正确的地方、正确的时刻到了他的手中。但乔的这种观念是否恰当呢？

　　除非你想了解这一事件的整体意义。要点在于，这重击的一球总会在拥挤的体育馆中掉入某人手里或被某人抓住。这是不可避免的。就算不是掉入乔的手里，也会掉入其他人手里，击中某人的头部，打翻他们手中的饮料。而这些人都会有和乔相同的想法。这一切有多么神奇？

　　每种可能的情况都会提供足够的背景，让人因为球落在那个地方的天文数字般小的概率而惴惴不安。在每种可能性中，都会有足够的空间来为这一系列不平凡的事大口喘气：最后一分钟决定去看比赛、在那一时刻抬头看的冲动、穿在身上的幸运 T 恤、送到嘴边的热狗等。但所有这些事件只在事情发生之后才有意义。这些就是我们通常称为后验信息的事件，或者事后分析法的一部分。

乔身上到底发生了什么，其真正意义不是那么简单就能评价的，但有一件事很清楚：这并不像我们一开始想的那么特殊。是的，这一切似乎都非常不可能发生在乔身上，但这一切也并非完全不可能发生在体育馆中的其他人身上。

这跟地球是个拥有复杂智慧生命的罕见天体这一想法有什么关系呢？这一想法根植于后验知识中。当我们考虑是否是这些分子生物学神奇的步骤造就了复杂的生命，或者一系列奇异的天体物理事件催生了现在的地球时，这都是真的。你和我在这里惊叹我们的存在是如此接近奇迹 [13]，和乔惊叹他幸运地抓到球的概率，两者几乎没什么区别。

我们可以尽可能多地仔细研究地球历史和性质的不同组成，从随机的行星和卫星形成、地球物理和生态学的历史，到生物进化的积累与飞跃——所有这些性质似乎都使我们本土的情况恰好适合生命。我们可能确实发现每一部分都很重要，并且非常罕见，可能完全是随机产生的。但这并没有明确告诉我们，我们作为复杂的智慧生命形式的存在本身在宇宙中是稀有的事件。

事实上，可能完全相反。让我们假设，无论生命在哪里获得立足点，生命的诞生和其中一些向不断增长的复杂性和似人类的智慧方向的进化，在本质上是不可避免的。这就像是棒球击中体育馆里拥挤的人群中的某个粉丝一样不可避免。这并不表示生命总是试图进化到一个复杂的阶段，但机会之窗足够大的话，它会的。

从这个观点来看，我们在地球上的存在可能等同于大量可替代的历史情况。再一次地，我们在我们自身的情况中找到的特殊条件只是后验事实而已。像我们这样的生命（细胞复杂的、灵巧的、有大脑的、会语言和技术的生命），即使给予最小的机会也会诞生。我们是多么"幸运"这一点无关紧要。不可避免的事件参与者有着高度特定却随机的结果，而这些参与者总会认为自己是万亿分之一的幸运儿。

用另外一种方式来阐述的话，宇宙中任何地方的任何有思想的生命形式都会在它们自身的环境中注意到"特殊的"条件——这些特性如果不同，就会阻碍复杂生命的诞生。这种感性的障碍可能是不可遏制的，不管复杂生命是稀有的还是普遍的。除非我们发现了其他地方的生命，或者在某种程度上排除了其他生命的存在，任何环境重要性的事后解释都毫无意义。一种看待这种情况的简化方法就是，问问以下这些问题：宣称一个就在你面前的物体的存在是不可能的有意义，还是说你所掌握的这个物体如何存在的知识尚不完整有意义？我知道我会选哪个。

我们都会对我们所能接受的理论有强烈的感觉，但需要知道，我们并不是在讨论生命是否稀有，地球是不是生命的稀有保护所这类问题的答案。我们需要更多的信息。现在，我们只是说不管这些答案如何，看上去似乎我们抓住了众所周知的这万亿分之一的棒球。

我已经讨论了生物智慧的性质为何不足以清楚地解释，这是一系列不平凡事件导致的万中无一的稀有事件。巨大的头足生物这类物种可以证明这是个荒谬的假设。同样的难题也在这一系列事件的更深处发生，在认为复杂细胞生命需要的行星条件中发生。我们人类发现自身所处的特定天体和生物环境到底有多必要？我更加倾向于假设那些生物不需要非要像地球一样的环境。我们等不及想要真正证实或反驳这一想法了。

现实本身的性质问题

当我们思考另一种行星的起源和科学史，以及看上去不可能的生物事件和进化路径时，我们遭遇了知识的瓶颈。在这一章接下来的部分以及最后一章，我们将看看这会将我们留在探索之旅的何处。在那之前，我们还有一段旅程，这段旅程将让我们快速浏览我们探索宇宙意义的最新进展：现实本身的性质问题，宇宙作为整体的性质，以及有意识的智慧生命在宇宙中的地位。这种史诗般的话题也藏有陷阱。

我们在理解现实的性质这方面有两个方向可以尝试。一种是向内的，到达微观的、分子的、更深层的、直达物质和能量的量子世界。另一种是向外的，最广泛的、包含所有恒星和星系、物质、暗物质和宇宙辐射的时空。

虽然这两个方向是相反的，但它们并不是各自独立的——完全不是。事实上，值得注意的是，内部宇宙的物质和能量教会了我们外部宇宙的事，反之亦然。最简单的原因就是，现实最基本的组成都来自同一魔法盒。宏伟架构的宇宙的物理和分子与亚原子领域的物理是一样的。我们不需要非常深入这种不可思议的科学，来指引我们找出，为何特定的环境会严重影响我们从宇宙中学会的东西。事实表明，宇宙并不总是能够向观测者揭露其自身的。

宇宙膨胀

空间结构的膨胀使得星系彼此远离。

在宇宙学中，过去 20 年最伟大的发现之一 [14] 就是宇宙膨胀在加速。简单解释的话，就是宇宙中的所有物质并没有提供足够的引力来使大爆炸之初的迅速膨胀变得缓慢，相反，宇宙膨胀的速率增加了。为了证实这一说法，天文学家测试了明亮的超新星随着宇宙距离的增加而变得暗淡的情况。他们发现，这一情况非常符合宇宙膨胀在加速的理论。这一发现有大量天体物理证据支持，像是星系集群跨越宇宙时间的增长，以及物质在宇宙普遍存在的辐射场留下的烙印等——我将在下面做出解释。基本猜测是大约50亿年前，宇宙停止了减速膨胀，开始加速膨胀。

那么是什么导致了这一切？最简单的答案就是我们还不知道，并且在承认自己无知的情况下，我们将使这普遍加速的原因非常诚实地被打上"暗能量"的标签——暗物质是我们完全不了解的一种东西。一种可能是，这是太空本身真空的能量，"虚拟"粒子成对地在沸腾的海洋里进进出出，是量子机制模糊性和不确定性最深刻的性质导致的结果。这片海洋有些特殊的性质，它可以施加一个负压力——一个相斥的引力场。膨胀的宇宙会制造越来越多的空间来容纳这种"真空能量密度"，而这也会影响宇宙的能量，并使空间扩张得更远。

不管暗能量最终是什么，目前它占据了宇宙总物质和能量组成的70%，不管这些细节，它看上去就是要待在这儿。而这最终对发现我们目前所处的宇宙时期有着不可思议的影响。

2007年，物理学家劳伦斯·克劳斯（Lawrence Krauss）和罗伯特·谢勒（Robert Scherrer）[15]发表了一项有关该事件的争议性研究。他们的研究重点在于宇宙加速膨胀对任何原住民的天文观测结果的影响，特别是未来的宇宙会如何呈现出一张与宇宙学家所推崇的宇宙完全不同的面孔。

为了做到这一点，他们设想，对一种生活在未来1000亿年之后的其他星系里的、像我们这样的物种来说，宇宙会是什么样子。假设这些生物制造出了类似望远镜的设备来观测宇宙，它们会发现在它们星系的恒星之外，那里……什么都没有。为什么？因为暗能量会使宇宙膨胀到一定程度，这个时候其他星系的可见光都会变成不可见的。该星系之外的宇宙都将从视野中消失。

当然，未来的这些生物不需要为此感到焦虑；它们只需观测宇宙中可见光所组成的"孤岛宇宙"，即它们的星系，其他的就没必要了。就是这么简单，但正如克劳斯和谢勒所问的，被给予如此有限的观测，这种物种怎么能发展出精确的宇宙学理论呢？因为不只是遥远星系的可见光会暗淡到逐渐消失，宇宙的其他重要特征，比如有限的年龄和起源于一场大爆炸等都将消失不见。

在 20 世纪 60 年代，科学家们探测到遍布宇宙背景的微波辐射充斥在太空中。这种辐射是证明大爆炸的关键证据。138 亿年前的大爆炸发生 38 万年之后，宇宙足够炙热而不透光，微波背景就是最后时期的残留物。我们可以检测到这一残留物相当平滑，但不是非常完美地均匀，嗡嗡作响的微波光子在宇宙所有方向上飞速前进。但在 1000 亿年后的未来，宇宙的膨胀会使微波背景辐射减少到当前强度的万亿分之一，并将光子拉伸到波长为米的微波领域。在未来更深入一步，从星系内部进行观测的人甚至无法看到这一切，因为本土的星际气体会形成一道几乎穿不透的屏障，阻挡了这些试图穿越的电磁波。

这并不是全部：原始宇宙混合各种元素的平衡也会在未来发生变化。今天我们仍然能看到，氢元素构成了宇宙中常规物质质量的 74%，氦元素占据24%——这样的混合非常接近宇宙诞生之初的氢氦原始组成。和少量氘元素（氢的重同位素）一起，这些元素的平衡是早期宇宙紧密炙热状态的关键线索，是大爆炸的"指纹"。但 1000 亿年后，恒星通过核聚变，会将越来越多的氢元素转变为氦元素，使得后者在宇宙中的比例升高到 60%。起初的比例丢失了，我们现在能测量的微量氘元素也会大幅消失，要么被恒星给毁了，要么消失在遥远星系已不可见的光谱中。另一杆冒烟的枪失败了，没有打中目标。

事实上，这个时候恒星本身的历史是一个非常有趣的结合点。天文学家在过去 20 年里已经知道了，恒星在星系内形成的整体速率[16]在过去要高得多。最新的工作成果，利用望远镜观测、描绘刻画很多不同阶段的星系的努力成果以前所未有的精度帮助确定了这些细节。似乎目前我们所看到的恒星中，超过一半是在 110 亿年前到 80 亿年前集中形成的。如今，恒星形成的速率与 110 亿年前相比几乎不到其 3%，而且还在迅速下降。这意味着在宇宙存在的余下时间里，未来会形成的恒星只会比过去已经形成的恒星多 5%。

这可是个烦人的想法。太阳系存在于你可能称之为漫长宇宙黎明的开始。因为小的、红色的恒星是数量最多、存活最久的恒星，宇宙将会变得越发暗淡，并呈现出红色，而这将会持续很长一段时间。很多星系现在都几乎不再产生任何新的恒星了。科学家们相信，我们的银河自身正在转型中，关闭新的恒星和行星制造，每年创造一两个恒星系统。这样的制造能力处于当今制造能力的中等范围。

为什么会这样？部分是因为来自之前一代代的气体与尘埃、形成恒星的原始物质在一开始由引力吸引到一起后，再一次扩散开来。恒星和超新星的能量，以及由物质掉入大型黑洞[17]形成的能量开始驱散星系中的物质。星系不再增长和融合。这样的过程能够把事情搅浑并能够模拟从星际黑暗中凝聚成的恒星——几乎和它们曾经做到的一样多。然而，银河系的融合仍会发生。在 40 亿年或 50 亿年的时间里，我们邻近的星系仙女座将会缓慢地靠近我们，发生一起大型的宇宙碰撞，可能会引起一些新的恒星产生。从宇宙时间刻度上来看，这并不会持续很久，但也有大概几亿年的样子。之后这些最大、最明亮的恒星将会死去，而我们将会回到不可避免的暗淡红色未来。

勘测过这些事实后，我们被指引得出一条结论：我们存在于仅有的一段宇宙时期内，此时宇宙的性质恰好能通过观测我们身边的情况而被推测出来。100 亿年前，当宇宙大约 30 亿到 40 亿岁的时候，我们可能会努力探测暗物质的诞生以及它对宇宙膨胀的影响。而在未来的 1000 亿年，宇宙的观测者可能会推测出他们生活在静态不变的宇宙中。没有恒星和行星来来去去的诞生和死亡，没有简单的方式能表明星系之外的太空正在膨胀，没有简单的方式来推测出宇宙有限的寿命。

所有这些都非常有趣，但还有一件事是这当中最为关键的。事实上，我们真的知道我们今天观测到的宇宙告诉了我们整个故事吗？如果就像那些遥远未来的一些倒霉的人一样，我们对现实的看法被宇宙本身的性质阻挡了呢？我认为我们当中没有人能知道这个答案，但它确实强调了我们探索理解我们在宇宙中的意义的另一挑战。就像我们的天文环境影响了我们的科学进步一样，正如我们所看到的，以开普勒时期发现的火星轨道形状为例，我们能够看到我们对我们在宇宙中的地位的看法受到我们对宇宙的年龄和大小所了解的情况的强烈影响。在这个想象中的遥远孤独的未来，星系上的原住民们可能会意识到他们的太阳只不过是千亿颗恒星中的一颗——就像银河系中我们自身的环境一样。但这就是他们面前的全部，是整个宇宙，和我们现在知道的宇宙非常不一样，要矮小得多。

他们可能会注意到，随着时间的流逝，越来越多的氢元素被转换成了更重的元素，因而认为他们不太大的宇宙可能并不是永远如此。将时间往过去回溯，可能会到达过去的一个没有重元素的纪元，如果发生了这些，可能在某个特定时间之前并没有任何恒星。如果有足够完善的恒星考古学和天体物理学，他们可以推论出最古老的小的红色恒星和恒星残留物确实接近 1000 亿年的历史。我不知道他们会得出怎样的宇宙学来解释这些观测结果，但我敢肯定那会非常本土化。然而他们的宇宙会很小——和我们所知的宇宙比起来，是个非常小的、有限的宇宙，有恒星、行星和产生生命的机会。从恒星的天体物理学时钟来看，它也是非常古老的。

在这样一个地方，关于自身的宇宙意义，他们又会得出怎样的答案？这种假想中的未来物种面临的挑战可能和我们目前所面临的没有太大差别。可能我们对自然的观念也缺乏一些重要的信息，而我们甚至还没有意识到我们缺乏这些信息。认识到这一点后，我们应该准备好，来尝试一些新的策略，来推动除宇宙细节、地球稀有、生物掷骰和事后统计挑战之外的东西了。宇宙平凡性的画面仍然十分强烈，但我们在宇宙中的地位是与众不同的这方面也是如此。这就像是，最好在挖掘出我们身边令人不适的真相的证据时，先准备好要脏了我们的手吧。

08

我们是谁，我们的诞生与存在

人类的诞生与存在不过是宇宙如此漫长的历史长河中的短短一瞬，而看上去更加漫长的未来，可能有我们的参与，也可能没有。人类存在的意义会是什么呢？

我们都居住在一颗小小的星球上，围绕着一颗生命已走过一半的恒星旋转着，而这颗恒星不过是组成银河系的无数物质里、2000 亿颗恒星中的一个，我们的星系也不过是可观察到的宇宙中数不清的、几千亿个这样的星系中的一个而已——目前宇宙的范围是以地球为起点向各个方向延伸[1]约 4.3×10^{23} 千米。宇宙的体积达到如此大的规模是因为从 138 亿年前大爆炸那一刻开始，宇宙就在不断地膨胀。天文学家估算出至少有 10 万亿亿颗恒星占据了如此广袤的空间，而在过去几十亿年的时间里，还有更多的恒星不断地诞生又死亡。

以任何微不足道的人类标准来看，这都是非常多的，而这片空间也是非常大的。人类的诞生与存在不过是宇宙历史长河中的短短一瞬，而看上去更加漫长的未来可能有我们的参与，也可能没有。人类存在的意义会是什么呢？试图定位我们的地位、揭露我们的现实意义的探索之旅看上去就好像是老天跟我们开了个大玩笑。我们以为能够找到人类存在的重要性，这一点显得非常愚蠢。

虽然过去几百年的时间里，作为我们最伟大的指引之一，哥白尼定律揭露了人类有多平凡，但我们仍然试图找出自身的重要性。它就像一个重要的路标一样，指引着我们辨别宇宙的基础结构和现实的本质。但在这本书当中，我们也注意到了不断增加的可量化的证据，这些证据表明，我们在理解人类的意义这一问题中所面临的是非常困惑的境况。部分发现和理论认为生命是非常平凡、非常普遍的，而另一些则持相反意见。我认为我们的探索已经开始给出一些答案，而我们畅想发现了宇宙状态这件事也并不疯狂。

所以，该如何解决这些问题呢？该如何将这一连串的发现、观测结果和假设（从细菌到大爆炸）结合到一起，来解释人类是不是特殊的呢？就此而言，这些特定的线索真的能够拼凑成一幅合乎逻辑的画面吗？会不会有些因素比其他的更重要，甚至两者之间相互矛盾呢？或者，比如说，人类所在的太阳系的精确结构对生命的起源和进化来说，并不如我们所想的那么重要，反而有可能在更深层次的宇宙环境下阻碍了某些事物的发展？随着我们对宏观和微观世界了解更多，所有这一切对我们努力寻找地球之外是否有生命，以及人类自身发展的下一步有何影响呢？深吸一口气吧，我们即将揭示生命本身的基本性质。

生命本身的基本性质

我以安东尼·列文虎克窥视到微观世界的故事作为本书的开头。在那个故事里，沿着物理维度不断向下，我们进入了就在我们身边的、令人战栗的宇宙，而这就是关于我们的身体组成、我们的分子结构排列的第一条线索，它存在于生物图谱中非常极端的尾部。直至列文虎克的惊奇一刻出现之前，我都怀疑人类能否有这样的机会，以一种更加细致的方式来思考这一事实。

在地球上有比人类的体积和质量都要大的生物，比如鲸鱼和大树。也有紧密相关的生态系统被我们当作地球上最大的有生命的东西：森林密环菌

"蜜环菌属"（Armillaria）。这种菌作为一种无性繁殖集体，能够横跨好几千米的范围。然而在生命图谱中，我们更靠近上层限制，而非微观的那一边。大量物理鸿沟将我们和微观生物隔离开来。最小的可繁殖细菌，几千亿个组成在一起才能达到 1 米长；最小的病毒比这还要小。人类的身体比我们所知的最简单的生命要大几千万甚至几亿倍。

在恒温的陆地哺乳动物[2]中，人类也靠近体积较大的那一边，但还没有到达顶端。相反，这一范围的另一边是一种叫姬鼩鼱的生物，它非常小，有血有肉，重量几乎不到 2 克。它们濒临灭绝，身体不断地散发热量，这导致它们只能不停地吃东西，来补偿这些损失的热量。然而大部分哺乳动物都更接近于这种大小，而非人类这种大小：它们的数量是如此之多，以至于哺乳动物总体的平均体重大约只有 40 克。人类之所以这么大，可以归结为进化驱使：这个合适的生态位能够巧妙地促进生物长大。

不可否认，我们观测到人类存在于某条边界上，这条边界处于复杂的、多种多样的、生物学上小的和大的选择有限之间。同样，我们的行星系统也是如此。我们已经看到了人类的系统在某些方面的与众不同之处。太阳不是最常见的恒星类型之一，我们的轨道现在更加圆，比大多数的轨道范围更加广阔，而且在太阳系中没有发现超级地球那样的行星。如果你是个行星系统缔造者，你可能会让我们的星球更靠外一点，稍微偏离一点常规。部分这样的特征是基于我们的太阳系逃离了大规模动态重置这一事实，而大部分行星系统都经历了这些。这并不是说我们肯定会有一个安静的、平和的未来——人类已经这样度过了几千万年，一个更加混沌的时期可能会就此笼罩我们的系统。在未来的 50 亿年时间里，太阳会因为到达年限而痉挛似的膨胀，并且激烈地改变它那排成一串的行星的性质。所有这一切都暗示着，今天我们也生活在时间上的交界或边界处，处于恒星和行星早期时期逐渐步入衰老时期之间的转折期。我们所处的这段时期相当平静，回想起来，这可能并不惊奇。我们的环境有着如此多的其他特点，我们生活在一个气候温和的地方，不太热也不太冷，化学反应不太剧烈也并非毫无活力，既不是过于一成不变，也没有完全不变。

我们也看到了，这种天文物理学上的平静也在太阳系之外的地区延伸着。将宇宙视为一个整体，我们所处的时期比早期炙热、快速变化的宇宙要古老得多。任何地方的恒星产生都慢了下来。其他的太阳及其行星形成的平均速率几乎只有 11 亿～ 80 亿年前的 3%。宇宙中的恒星慢慢地开始走向死亡。从广义的宇宙学来说，大概 50 亿或 60 亿年前，宇宙才从大爆炸时刻起开始减速。我们再一次处于温和的转变时期。基于真空本身的暗能量开始加速其空间扩张，阻碍了更加大型的宇宙结构的发展。但这意味着生命最终面临着不乐观的、孤立的遥远未来，而宇宙也变得愈加难以辨认。

将所有这些因素放在一起，可以清楚地看到，我们关于外部宇宙和内部宇宙的观念受到了强烈的限制。这一观念来源于狭隘的认知。确实，我们对随机事件的基本直觉和统计推论的科学发展可能在我们处于其他空间、时间、有序或无序的环境下有所不同。人类和宇宙中的其他生命相比（虽然我们没有观察到或无意中发现这些生命）相当孤立，这一事实对我们总结的结论有着非常显著的影响。

最终，在画了个大圈后，我们回到了最开始提到的人择原理，甚至连宇宙的根本性质都暗示着宇宙是精确平衡的，接近于某条界限。离任一边远一点都会使宇宙的性质发生根本的变化。改变引力的强度会使恒星不再形成，重元素也无法形成——或者大型恒星形成了，但很快就死亡了，在它们的一生中没有留下任何意义和任何子孙后代。相似地，电磁力若发生改变，原子间的化学键要么太强，要么太弱，无法构建各种各样的分子结构，也就无法在宇宙中形成如此不可思议的复杂性。

宇宙混沌与生命的平衡

在我看来，这些事实使我们开始用一种新型的科学观念来看待人类在宇宙中的地位，既不是哥白尼定律也不是人择原理，而是在两者之间。我认为这样的思想正在形成，最终将成为一条新的定律。或许我们能称之为"宇宙混沌定律"（cosmo-chaotic principle），这一位置处于有序和混沌之间。它的本质是生命（尤其是像地球上的生命）总是会处于边界或交界处，位于由能量、位置、规模、时间、有序和无序这类特征所定义的区域中。像行星轨道的稳定或混沌、气候的变化和行星的地球物理等因素是这些特征的直接表现。离这样的边界太远的话，不管是更靠近哪一边，生命的平衡都将被打破，形成一种敌对的状态。像我们这样的生命需要正确的要素混合，平静和混沌的混合，正确的阴与阳[3]的混合。

接近这些边缘使得变化和变异唾手可得，但它们还没有近到能够持续地打败一个系统。显然有和金凤花区域（Goldilocks zone）概念相似的东西，这一概念认为围绕着恒星的行星想要有温度适宜的宇宙环境，就需要非常严苛的参数。但对生命的存在而言，这种适宜的区域可能要动态得多——它不需要固定于空间或时间中。另外，这是种持续移动、扭曲、弯曲的多参数的数量，就像是舞者四肢的移动轨迹。

如果生命仅存在于这样的条件下是一条宇宙规律，它就为人类带来了一些可能的宇宙意义。与严格的哥白尼思想不同，哥白尼强调了我们的平凡性，因此认为宇宙中有大量的相似环境，而生命需要一系列严苛的、不同的、动态的条件才能产生这一想法限制了上述选择。这种新观念所暗示的生命的机遇也和人择原理不同。人择原理最极端地预测出生命非常稀少，纵观时间与空间，只有我们这孤独的一例。相反，这条新的规则确实定义了生命会产生的地方，以及生命可能产生的频率。它详述了生命必需的基本特征，这些特征有很多变化的参数——它描绘出了可以产生生命的区域。

这样一条有关生命的规律没有必要使有生命的东西成为现实中有些特殊的部分。生物可能是宇宙中，或者说任何经得起检验的宇宙中最复杂的物理现象。但可能就跟生命一样特殊：一种特别复杂的自然结构在正确的环境下，在有序和混沌之间诞生了。

不断变化的概念生命

一些研究生物宇宙的人认为，人类接受了这种概念化生命不断变化的方式，这种现象处于无序的边缘，或者有序的边界。我记得几年前和天文生物学家、物理学家先驱迈克尔·斯托里－隆巴尔迪（Michael Storrie-Lombardi）[4]有过一次交流，当时他是这样表达他的想法的：生命总是发生在边缘地带，而无论边缘地带处于何处。这句话意味着生命就是一系列介于有序和混沌之间边缘地带的现象。我们能够想象穿过这个交界处时，会有类似于电压差的感觉，电势的梯度形成了电流。但生物电势梯度是多维度的，是可用能量、有序和无序、时间的交汇点。

其他人也得出了相似的结论。理论生物学家斯图尔特·考夫曼（Stuart Kauffman）[5]研究复杂性这一性质本身，他认为，错综复杂的生物结构系统能够自发地从很多简单规则和定律的综合结果中产生。所有这一切，这些简单的规则和行为——原子、分子和热力学系统的规则和行为，能够产生大量的复杂性和混沌，这样的混乱也会产生一些未曾预料的结构，并且"自组织"成一些更有效的新物质。

与此同时，我们开始勾勒出宇宙中生命会发生的地方的性质，这个地方位于物质、空间、时间状态之间的边界——从星系到气体、恒星和行星。神奇的是，宇宙之旅最终得到了完全一样的说明：这些边缘和交界处正是生命产生的地方。这种生命适应于自然体系的概念直接引出了一种解决难题的方法，该方法介于有说服力但又尚未解决之间，认为生命必然是丰富的，但又是非常稀少的。

地球上的生命没有明显的特别之处

在这本书中，我已经展示了一系列观测结果，这些化学、生物和行星的观测结果表明，生命机制是我们所知的宇宙中并不令人惊奇的延续，宇宙的元素和化学性质产生了形成地球上的生命所必需的构成要素。这是基本的潜在过程，生命通过交错互锁的新陈代谢过程（这一过程是由微生物穿越时间和空间完成的）搭载到这一相同的化学基础上。

从这种意义上来说，地球上的生命没有明显的特别之处。从星际太空到原行星系统，原始材料到处可见，并留存在太阳系原始的陨石残骸和彗星物质中。另外，我们所知的关于行星形成的事宜表明，这样的机制能够轻易地调整早期岩质行星的条件，使之适用于生命起源。并且，宇宙中普遍存在的物质与形成行星（比如地球）上生命的分子和热力学组成物之间并没有什么界限。锦上添花的是，我们现在相信，在我们的星系中存有大量（目前预估约有几百亿）岩质行星，其中很多都有着非常适合生命产生的条件。事实上，这些证据清晰地描述了一组非中心化的条件，而哥白尼会为这一点感到骄傲。

尤其是，如果生命是稀有的，宇宙就恰好处于最为合适的阶段，这一点相当令人震惊。宇宙不需要是这种方式。即使是人择原理也只要求生命是可能的，而不要求生命如此适应宇宙。如果这种未实现的可能性确实如此，这意味着真的有什么"特别的"东西促使非生物化学转变成了生物化学，而这种东西只可能在类似于地球的地方产生——我已经讨论过这种主张了，而且目前这一主张没有任何统计权重。

然而不管你喜不喜欢，我们对于人类在宇宙中的地位这样的观测结果本身也互相冲突。从我们的星系观测中可以知道，太阳并不是最普遍的恒星类型。从地外行星的发现中可以知道，我们的行星系统也不是轨道和空间最常见的排列。太阳系当中甚至没有最常见的行星类型代表，它似乎逃过了某些戏剧性的重新排序，而这是大部分系统都会经历的。这并不是说，困扰所有行星系统的漫长的轨道混乱时期是不可避免的，只是跟很多系统相比，不发生破坏性的变化没那么容易。

人类也存在于宇宙历史之中非常罕有的时期之一，在这一时期，我们的眼睛和望远镜让我们有机会做出有实际意义的观测，来探寻周边环境的性质。如果人类住在更加遥远的过去或者未来，可能会错失很多重要信息。说得再明白一点，人类存在于一个非常恰当的天文环境中，既不会藏起宇宙的性质，让我们无从得知，也不会使其特别简单，让我们一眼就能推测出来。其他方面也呈现出一幅更加容易描述的画面，比如宇宙的结构、基本规律（如引力和动力）的特征等。

看到地球这样的行星环境，我们也能（如果我们这么选的话）找到一些证据，证明人类这种复杂细胞、有智慧的生物是多种巧合发生下的产物。很多巧合似乎纯粹就是概率问题——所有形式的外力导致的生物大灭绝或者环境动荡之后的结果，这些外力包括地球之外的一些原因，比如我们最为熟悉的小行星撞地球导致恐龙灭绝的事件。其他因素包括两种原始生命形式的融合（比如线粒体），这种融合促使朝复杂生命的进化迈出了崭新的、似乎不可能但又非常必要的一步。

所以人类是否与众不同呢？我们强大的工具数学概率、对发生事件解释中存在偏见的客观事实都清晰地表明，没有哪一边获胜了。但我们非常接近答案，比历史上任何时期的人类都要接近，我们正处于知道答案的风口浪尖上。

我自己的结论[6]是将所有我们讨论的事情串起来，综合在一起考虑得出的。考虑一下我所说的，生命的状态是一种突发性现象，生命如何产生于一系列不断变化的物理环境的边界处。现在将这条规则应用于我们所面临的介于平凡与不寻常之间的难题。我们最终会得出怎样的答案？

我们最终会认为：人类在宇宙中的地位是特殊但非别有深意的，是独特但非异常的。哥白尼定律既是正确的也是错误的，是时候承认这一事实了。

看看这些证据吧，从宇宙的化学到形成行星的动力学，以及地球上生物与地球物理联合作用的进化史。我认为毫无疑问地存在大量机会，产生适合生命的环境，所有这一切都基于相同的构成要素和定律。因为这种多样性（multiplicity），我们特定的人类生物、进化史及其与行星环境的联系都非常独特——如果用足够精确的测量器来测量的话。但这并不是说生命——哪怕是复杂生命，不能通过其他路径达到相似的状态。人类可能是特别的，然而我们的身边有整个宇宙的其他同样复杂、同样特殊的生命形式，只不过它们走了一条不一样的路。人类的独特性在大量的生命中没什么例外，我们只是众多现象中的一个代表而已。

现在，在任何一种现象的后验分析中，与直觉相反，正确的默认位置是假设它代表着最普遍的结果类型（击中乔的那颗球总会击中某个人）。这一点非常明确。所以可能生命的产生（比如像是地球上的生命产生）是独立于更细致的天体环境之外的——在这种情况下，太阳系所有的不同寻常只是障眼法而已。

另外，在相反的另一端，也许本土环境的某些特定方面完全是必不可少的——经过了精确的调整以适于生命。但正如我所展示的，这些证据似乎指出后面的条件可能是非常误导人的。因此，我发现我自己以定位我们的特殊性为目标，或者接近独一无二，或者并非别有深意的性质。天体条件将会催生很多跟地球更相似的世界，而非相反。不管它们是更大还是更小，这都有可能。我们已经知道了在我们的星系中有几百亿的岩质世界。没有一个会精确地匹配地球现在、过去或未来的状态——因为随机和混沌性，它们压根无法做到这一点。但就我的思维而言，这种多样性并不是什么问题。如果环境的区别不大，简单和复杂生命都能找到一种方式诞生。

在此有一个潜在的假设，即有生命的生物的基本机制能够和来自同一种构成要素的生命以不同方式拼凑在一起。这实际上是说，地球上被分成三大领域（细菌、古细菌、真核生物）的生命只是一种结果，一种选择。然而，部分科学家为趋同进化[7]的想法辩护，这种想法认为只有有限的少数几种有用的生物蓝图，而进化总是沿着这样的蓝图发生。对复杂生物来说，这样的观念被用来帮助解释为何相似的"相机眼"（camera eyes）既存在于脊椎动物中（比如人类），也存在于头足动物中（比如鱿鱼），即使我们与鱿鱼早在很久以前就已经沿着各自的进化轨迹分道扬镳了。

趋同进化定律也被用来解释为何只有有限的"有用的"蛋白质行为，为何有限的不同分子结构混合在一起，执行相同的功能。这种有限的蛋白质工具箱表明，在宇宙中的任何地方，一定有相同的分子为了生命能够运作而产生。也许这样的生物化学同质性减少了可能的生物化学机制或遍布宇宙的生命生物蓝图。但我并不认为我们明确地知道这一点，而因同样的原因，很难事后再回顾过去来评估这些随机事件：这将地球当作经历了大量误导的模板。

我在这里所描述的，是我认为现存证据能够说明的最乐观的情况。它允许有大量和人类一样特殊的生命存在。它由此刻统计评估告诉我们的那些东西组成。它也有大量的性质可以测试，从而导致了我所认为最有趣的一种可能：人类可能强制性地创造出我们的环境，并变成不只是独特，而且别有深意的存在。因为正如我所展示的如此多的假设，最终小心评估我们所有的逐渐增加的证据，其结果也不过是发现我们的探索离得愈发远了。这些你在此读到的发现和想法正引领我们前往新的版图。这样的障碍是我为你准备的最后一个故事所设置的，而我希望你能好好看看这个故事。有些是关于有风险的科学商业，有些是前途光明的、我希望与你分享的主张，还有一些问题，是我们所有人都需要问问自己的问题。

1977 年 8 月 18 日，美国天文学家杰里·埃曼（Jerry Ehman）坐在他的餐桌上，翻阅着一页又一页计算机打印出来的文件。这些纸上是一大堆晦涩的空白和数字，排列成有规律的圆柱体。

在埃曼仔细研究这些信息时，他注意到其中一页有一处非比寻常。通常得出的都是些很小的数字，而这一次，电脑打印出来一条圆柱体，从上到下，读起来就是"6EQUJ5"。埃曼抓起一支红笔，将这组字母圈了起来，在左侧空白处写下："WOW！"

这一小张纸和它那不完美地打印出来的字母，以及埃曼强调的重点一起，代表着某些人所认为的最好证据，代表着来自宇宙深处的信号，代表着来源于人工的、有目的的、智慧的起源。

3天以前，1977年8月15日，俄亥俄州特拉华地区的大耳望远镜[8]监测到了一段可分析的无线电信号，并将之打印出来，这就是上文埃曼手中的那份打印稿（见图8-1）。大耳是一座矩形结构的望远镜，它比3个足球场还要大，地面上覆盖着金属板，由两个斜面类似栅栏的结构隔离开来。在那个时候，它被用来监听宇宙中一些非常特殊的东西。

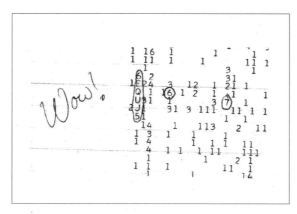

注：来源于外太空的非重复性的无线电信号
（J. Ehman, and Big Ear Radio Observatory and North American Astrophysical Observatory）

图 8-1　"WOW！"信号

随着地球旋转，天空变化色彩，大耳监测到一组50个不同频段的无线电信号。这当中包含一些叠加了特殊自然频率的信号——在这一频率中，氢原子会释放出辐射，此时它们的质子和电子会以量子自旋态迅速翻转。

这听上去似乎没什么大不了的，但对科学家们来说，这一频率（通常称为 1400MHz 或 21cm 波长）非常重要。它揭露了恒星的光芒和星系间的氢气，当从太空中监测地球时，它能揭露我们大气层中的水分含量，甚至是大洋中的盐分。这一频率也处于特别安静的一处，淹没于星系之中喧闹的无线电波中，这个地方非常有吸引力，可以监听到很多有趣的现象。因为这一原因，它经常被称作电磁频谱中的"宇宙水坑"。

所以这是个特殊的频率，虽然在自然中非常广泛，但也是个不经常闪现的频率，或者只是安静地坐在那里，嗡嗡地穿过宇宙。而这也是为什么只有大耳能监听它，因为 1977 年 8 月，杰里·埃曼和他的同事们力图搜寻地球外的智慧生命——更常见的名字是其首字母所组成的：SETI。

"6EQUJ5"预示着无线电能量出现在大耳的监听过程中时，有一个突然的脉冲。通常这种暗淡的自然噪声信号只会描绘出空白或像是 1、2、3 这样的数字。但如果信号强度足够，计算机就会画出字母——当信号中出现字母"U"时，意味着比宇宙背景噪声强 30 多倍的信号。这一脉冲在大耳监测时期持续了很长的一段时间：72 秒。宇宙水坑也跟氢原子的频率几乎一样。但它就这样消失了，而且再也没有回来。

关于"WOW！"信号，已经有很多大书特书的内容了。杰里·埃曼[9]自己仔细评估了很多信号起源的各种可能性，但结果还是一片空白。显然不可能是地球上的甚至地球轨道上的什么东西——正好经过的卫星或者太空任务。但如果它来源于宇宙，我们根本不知道它是什么，甚至它来自哪里，因为大耳无法指出任何精确的位置。

自从 20 世纪 70 年代起，天文学家们掌握了很多所谓的短暂宇宙自然现象，比如伽马射线爆发，脉冲星假电子信号、打嗝的黑洞，以及其他出现又消失的事件。然而还没有一例可以很好地匹配大耳所监测到的信号，谜团仍然存在着。

这是个了不起的故事，然而它也强调了 SETI 尽力解决的固有问题之一——确认及说明这些不完整的转瞬即逝的信息的问题。确实，我们努力试图直接监测到有意义的信号，监测到能代表宇宙中其他智慧生命和文化的信号，而最终我们常常竹篮打水一场空。

缺乏毋庸置疑的、证明地外智慧存在的证据使我们陷入了无尽的猜测，最复杂的猜测以费米悖论[10]为中心，这一悖论是由著名的美籍意大利物理学家恩里科·费米（Enrico Fermi）提出的。故事发生在 1950 年，在和同事们用完午餐后，费米指出星系已经够老了，恒星也够多了，如果生命是普遍的，那么应该已经有先进的文明存在于太空中的每个角落了。他提出的这个悖论问题就是，为什么我们看不到它们？

表面上看，这可是个绝妙的问题，而本书的内容都是关于这个话题。再一次地，无法解决这个悖论的问题是由于信息的缺乏。为什么没有一个外星生命出现在我们面前、跟我们打招呼，我们能够想出无数的原因：星际旅行太困难了、智慧生命是自毁型的、生命可能压根儿就不普遍、可能它只是太异形了、或许它们选择保持安静，或者它们已经在这里了，只是我们不认识而已。你可以在任何时候把这当作一个笑话。

任何真实的证据都会打破这样的僵局。所以，虽然目前对地外智慧生物的直接探索仍然是具有挑战的、冒险的、问题多多的事，但我完全支持这样的努力。在缺乏相应知识的时候，唯一能做的事就是不断尝试。这就是重点。本书中，我们一次又一次遇到与需求相矛盾的事物，而难以抉择下一步该如何进行，这是一次寻找地球外是否有生命的成功测试。SETI代表着一种极端，代表着坚持到底。但也有其他的选项。

例如，地外行星科学的到来促进了一种寻找生命的新的搜索策略。这种策略寻找的不是结构化的信号或者人为制造的现象，而是与地球上相同的、相互交织的生物化学机制证据，这样的机制已经在地球上存在了40亿年的时间。

生命改变、调整着环境的化学，促使它打破平衡。比如说，使用正确的设备从远方观测地球的话，你可能会在大气层中检测到氧气和甲烷的共同存在。这是一种独特的组合。氧气非常活泼，随着时间的流逝，它可以和岩质行星表面的矿物结合起来，将之带离大气层。氧气甚至能和甲烷发生更加剧烈的反应，生成二氧化碳和水。在大气层中同时检测到这两种物质告诉我们，一定有什么东西不断地重新补充它们，而最佳的来源之一就是生命本身。

其他分子呈现出潜在的生物标志，通过另一个世界所含物质吸收或释放光线的光谱可以检测到这些标志。类似氧化亚氮的气体和硫化合物能够参与到遍布行星的新陈代谢过程中，其他类似地球的世界上的物理现象能够揭示一些有趣的线索，指引我们找到在地方一级发生了什么。大洋反射的微弱光线、水蒸气云的覆盖情况与质感，甚至光合色素的颜色都向我们揭示出在地面上发生了些什么。以陆生植物为例，在它们的叶子中，叶绿素（包含在可能由内生蓝藻转化而来的叶绿体内）吸收很多频率的可见光，但反射绿色波长，使它们在人眼中呈现绿色。但植物也大量反射并传播近红外光，这导致了叶面上发射出比可见光辐射多10余倍的红外辐射[11]。我们通过地球的探测卫星发现了这一点，利用这一点，我们清晰地绘制出了地球上的植物和植物损失。究竟植物是如何形成这种光学的小把戏的，似乎牵涉到内部细胞结构和光合色素。这可能是地球上特定的现象，但它也可能是任一生物圈的某一特征，吸收了恒星的辐射，来帮助自己强大起来。

像这样的现象给我们带来了希望，如果我们越来越好地捕获到遥远世界的光线，或者利用恒星的背景光解析出它们的大气成分，我们可能会目睹这些生物标志。繁茂的生命经常只留下一个模糊不清的指纹印，而使得我们难以发现它们，也因为同样的原因，第一时间检测到行星是非常困难的：行星非常暗淡，而恒星总是很明亮。尽管如此，天文技术的近未来将会为我们提供这样的机会，至少有大量行星系统离我们足够近，用望远镜能够捕获它们微弱的光线。

而这给我们带来了另一个非常关键的问题，一个我在这个长长的故事开头就提到过的问题。这是不是宇宙无生源的真正倾向，是不是可测量的丰富的生命，是不是石蕊测试——一种探测最底层的根本物理规律和自然常数的新方式，从而反过来评估生命的意义？需要注意，这比人择原理或精调测试更加复杂，这两种观念都认为宇宙一定恰好满足某些确定的标准，使得像我们这样的生命能够诞生。在这些陈述中，答案本质上就是一个二选一的选项：有生命或没有生命。概率论则认为真正的答案更像是"质量因素"，正如研究者在工程学中所说——一种滑动尺度，一种衡量宇宙可繁殖性的方法。

可繁殖性也许就是将物理和生命联系起来的关键，但我们还未能了解足够多的东西，来确定是什么样的性质促使了这颗星球拥有特别丰富的生命。然而可能有一种方式能够解决这个问题。一部分挑战在于，将我们自身本土的环境从管控宇宙的根本参数中分离出来。比如，一些像是宇宙年龄这么简单的东西明显地影响了生命是多还是少的选择。我们能够看到，正如我们所知的那样，生命直到第一颗恒星形成第一种重元素后才会出现。事实上，可能在存在足够多的元素来形成岩质行星之前，已经有几代恒星了。我们也能想象在遥远的未来，在暗淡的、孤立的、有几颗小质量恒星的星系中，那时的条件可能没那么适合产生生命。衰老的、富含岩石的行星将会越来越少地发生地球物理活动，无法维持表面化学的循环。

肯定还有其他帮助设定在任何给定宇宙时刻，生命产生的概率水平的性质。非常像是宇宙人择原理中的精调参数，这些可能是些类似引力强度、形成原子和分子的概率，以及使这些性质发生的深层物理等的数量。这样的因素最终帮助决定了恒星和行星的产生、它们随后的进化，以及详细的生物化学友好的环境。这些特点首先跟生命的起源紧密联系，也和它开枝散叶的能力紧密联系。如果可以为这些起源写下某个公式，我想我们还没有这样的答案。我们私下里知道在宇宙的历史上，宇宙参数如何决定了任何意义上的生命的丰富性。但有准确的公式吗？

我之前已经提议过，正如很多其他科学家提过的那样，生命更像是一种突现特质，它起源于本质上难以理解的"非线性"相互作用和基于简单规则的行为——宇宙混沌定律的部分。这些规则是物理的基础——从分子键到深层的亚原子粒子对称性，到现实的维度性质，但很难评判它们对公式建立的精确作用。这是因为那些规则相互反应的混乱方式本身就是那些规则的非线性作用。换句话说，每一个这样的性质的个体影响可能都会变得难以辨认——这非常像是仅使用地球上天气和气候的测量结果来推导热力活动的基本规律。系统对初始条件的内在敏感度可能模糊了根本原因，并影响了最终的结果。

你可能猜到了我接下来将会说什么。关于这个问题有些相当熟悉的东西，这就是混沌理论。这非常像是我们在理解行星轨道动态学和太阳系长时期稳定或不稳定这些问题时所遇到的挑战。你可能还记得在行星系统中，也有简单的规则，但复杂的非线性相互作用产生了一系列过去和未来的轨迹——一大堆路径和可能性。为了确定如果轻微调整这些规则会发生些什么，你需要追踪无数的路径，每一条都从不同的起始点开始，并演变出不可预测的结果。

为了理解宇宙环境产生生命的频率，我们需要进行一个类似的实验。我们将模拟大量宇宙性质形成的条件，来看看在多大程度上，它们多久能产生一次这种复杂的现象——生命的诞生，又有多少切实可行的轨迹。我们也将应用贝叶斯定律来评估这些可能性，来诚实地展现我们对现实更深层物理的无知。

不难看出，这是一项压倒性的计算性和理论性挑战。它与另一个复杂的、让人动摇的问题类似：理解人类的思维。就在最近，科学家们宣称，一旦研发出足够复杂的计算机软件来模拟我们数以亿计的神经元，原则上就有可能建造一个思维模拟器，一种真正的人工智能。然而，一些研究学者，比如英国科学家罗杰·彭罗斯（Roger Penrose）[12] 辩称这与量子世界有着密切的关系，而量子世界在思维和意识中有着非常重要的作用，不可能用数字编码捕获。可能模拟思维的唯一方式就是实际地建造，建造出一种跟我们的大脑一样、满是同样复杂的化学和生物的结构。只有这样一个模拟世界才有计算能力和自然的必要轨迹，来匹配"进化"在几十亿年的时间里所造就的产物。

也许我们在更广泛的意义上能用一种更简单的方式来制造生命。我们已经在创造人工微生物生命形式上迈出了一小步，已经创造出一些零部件和基于实验室的 DNA。但很显然，如果说到真正的规则设定，我们还无法改变这些生物模拟的基本物理，无法随意修改宇宙支柱，这里存在着一点障碍。宇宙中生命的现象是不是一种我们最终只能毫无希望地接受并研究的现象呢，就像是物理学家试图找到"万物理论"那样毫无希望？

我希望不是。我认为我们能够在模拟不同宇宙参数设定条件下的生命轨迹方面做得更好，比以上想法所提议的做得更好。我对这一点很乐观，因为我们的技术造诣在以一个惊人的速率持续加速。我们在用一种前所未有的方法从原子甚至亚原子层面来操纵物质。现在，实验台上的物理允许我们探索内在的量子机制的奇异性，来挖掘其深层规则并创造出最出乎意料的事物，从基础的量子计算机到光纤模拟黑洞视界——在黑洞附近，引力如此强大，没有任何事物能够逃脱，甚至光也不行。可能在并不遥远的未来，有一个工具与技术大爆发的奇点时刻，将当今不可能做到的事一下丢进可能做到的事的领域中。

在我们的工具箱中还有另一种可能的策略。那就是离开地球，去往太空，去寻找宇宙中生命的例子，如果我们能找到的话。宇宙恐怕是最终的实验了。它也有一种非常有用而特殊的性质：它是如此之大，太空中有大量稀疏的空间位置，天体彼此之间早已相隔很远，甚至在可分辨的物质分子存在之前就已经如此了。

实际上，每一大团宇宙都像一个独立的培养皿。宇宙论者和天文学家很好地利用了这一事实来分析恒星和星系随着宇宙时间而发生演化的性质。宇宙中任意足够大的区域中，在中心的天体不会受到其他独立大型区域的中心天体的影响或与之相关联。实际上每一个区域都是一座孤岛，沿着它自己的生命轨迹行进，但和其他孤岛一样，都受到相同的宇宙物理规律掌管。讽刺的是，这是哥白尼定律的一种延伸：宇宙中没有任何地方是例外的，虽然它可能和其他地方表现出些许不同。

　　我们在探索生命的过程中也会玩这样的把戏。然而我们的太阳系可能太小了，没法提供更多培养皿。随着小行星撞击迸射出各种物质、穿梭于星际太空中，这里的行星更容易产生交叉感染的化学和生物。一种更好的选择可能是一颗恒星接着一颗恒星来尝试，但正如我们所看到的，物质在星际太空中的传递也会玷污一些东西。更确定的一种方式是，将大型星系（比如银河系）分割开来，每一个区域都代表着生命可能会选择的多种方法中的一种独立样本。我们可以更进一步，接触到星系间的太空，并将整个星系当作独立实验培养箱。如果我们能够在这些地方定位并量化任何生命的性质，我们就能够收集到巨大轨迹地图的一部分，并看看整个宇宙的支柱是如何蔓延的。

　　有趣的是，我们已经知道了科学中的这种方法，而这一点的实现要归功于 1674 年坐在代尔夫特家里的列文虎克。当列文虎克在每一滴水、人和动物的每一处分泌物中看到微生物居民时，他不经意地得出了探索生命隐藏地的蓝图。今天，科学家们理所当然地采用这样的步骤来控制微生物生命取样。为了确认极端环境中的新物种，比如在地下水或者南极冰层下的深处 [13]，研究员们会将样本分开很远的距离，使它们不受污染。崭新的微生物生态系统可以包含自行进化了几千年，甚至是几百万年的生物，它们与世隔绝地生活在罕有人迹的地方。通过观察这些孤独的微生物，我们能够学会很多不可思议的生物策略。这样的生物策略不断地发展，我们从而能够探测到潜在的生物规律。

　　要在宇宙中做到这一点是一个非常有野心、非常乐观的想法。但最终的奖赏值得我们一试。回到第 1 章，我曾简单讨论过多重宇宙的科学思想，这是个影响深远的思想，解释了似乎是巧合的宇宙精调与生命。通过把生命当作石蕊测试，我们可以探究这一理论。假设我们可以决定那些与宇宙中生命可能性及丰富性有关的物理常数和规律的价值或形式，拥有这些信息的我们就可以令人信服地预测出多重宇宙中有多少像人类这样的生命。换句话说，我们可以算出所有可能的现实 [14] 总数中人类的意义。

直面哥白尼情结

这可是相当大的野心。为了意识到这一点，我们将不得不面对哥白尼情结。我认为人类仍然不太可能是宇宙的中心，不管是从天体物理还是形而上学方面考量。但这并不妨碍这样的可能性，即产生人类的途径在细节上是与众不同的。我们需要适应这种程度的特殊性，因为它影响了我们的观念和探索宇宙的科学策略。我们能够通过望远镜来观测宇宙，而这段旅途将非常安全，或者我们能够带着一个更加大胆的目标出发。我认为这个目标并非不切实际。这可能是我们这一物种所做出的最为重要的选择，而它开始于，也将结束于两个问题。

我们能够超出人类所存在的宇宙环境吗？我们想要保持特殊但又无足轻重吗？

参与这两项挑战的规则有点不公平。如果生命总是毫无例外地存在于有序和混沌之间的边界线上，那么有意识的宇宙增长似乎需要意想不到的灵敏度。这就像是职业冲浪者试图待在不断变化的海浪上时所面临的情况，在太空和时间中的管道最后只会被另一条替代。

但形而上学可不是这么回事儿。我们知道我们在哪儿，知道需要什么才能存活下来（即使我们似乎并不总是知道）。人类在一颗行星上于 40 亿年前从微生物这一前景暗淡的生命形式中诞生。我们不只认可这一事实，还试图探索宇宙的起源和内容。而我们发现，在外面有上百亿其他的世界，太阳系中有大量资源丰富的其他地方。

所以，我们在这条路上再次遇到了岔路口，这一次需要做出一种新的选择。我们所面临的挑战就是，继续探索学习我们的宇宙意义，并用所有方式来探寻我们存在的基础，以及我们与自然选择和进化的关系。然而现代人类诞生了，带着卓越的大脑和社会结构。虽然那时的总人数非常少，但毫无疑问，如今我们是地球上的主要力量。几十亿的人类占领了地球，甚至那些人迹罕至、无人居住的地方也因为我们获取资源和干扰环境而受到了影响。不管我们和微生物宿主到底是怎样的复杂关系，这些微生物控制了我们的栖息地和我们自身的生物化学，而我们已经成了生物中某些不一样的东西。

人类可触及的范围蓄意地延伸开来，远远超出了地球的范围。在过去的40年里，"先锋10号"和"先锋11号"太空船不断地远离我们，向星际太空挺进，现在分别距离我们160亿和130亿千米远。就在它们发射仅几年后，探测器"旅行者1号"和"旅行者2号"朝向宇宙更深远处推进。"旅行者1号"现在距离我们超过177亿千米，是太阳与地球之间距离的125倍之多。它仍然在和我们通信。它那微弱的无线电遥感探测轻声低语地告诉我们，它已经到达了某个位置，那里太阳的粒子流辐射压力非常低，已经让位给星系太空中的粒子流辐射。这一旅程可能才刚刚开始，但它起源于很早以前，起源于第一个原始人类蹒跚着穿过非洲热带大草原。为了解释卡尔·萨根（Carl Sagan）[15]所说的那些话，我们一直都是漫游者。

我们真实的宇宙重要性可能最终来源于同样的扩张冲动，这是一项重要的特征，一项自然选择写入人类基因的特征。这就是我们是谁，是什么使我们如此特殊。这也是如果我们可以选择，那么如何能使我们自己有意义。星际的遥远距离与时间障碍、宇宙裸露的强大力量，可能会永远阻碍人类这种脆弱的有形生命形式离开太阳系，不管我们发展出怎样强大的技术。但让我们假设一下，人类成功地在另一个星系邻居、绕着另一颗恒星旋转的另一颗行星上目睹了生命的信号。即使这信号不过是反应在光谱上的一些化学药剂，它也暴露了微生物形式生命的新陈代谢过程，暴露了存在更复杂生物的可能性。可能会有其他人在那里——异形，但伸手可及。

发现这样的生物信号意味着到了我们做出决定的时刻。我们可能不想将自己装进某个太空船里，孤独地航行几千年甚至几万年，飞到那样一个世界。但我们可能会考虑建造一个代表。不管这个特使是一个复杂精巧的机器人还是一个简易的信息携带器，它最终都会抵达另一个世界，并用这唯一的机会来宣告这样的事实：我们存在于一个对人类而言很特殊的地方，简而言之，我们称其为地球。

序幕　从微观世界到浩渺宇宙

1. 有大量描述列文虎克的文学作品和资料，有时他会被称为"微生物学之父"。虽然他此前并未接受过专业训练，只是一名业余科学爱好者，但他成了英国皇家学会的一员。列文虎克一共给皇家学会和其他科学机构写了超过 500 封的信件来描述他的观测结果，这些观测结果包括第一例血细胞和精子细胞的观测。还有个有趣的小故事，1676 年，他成了伟大画家约翰内斯·维米尔（Jan Vermeer）的财产受托人。列文虎克于 1723 年去世，享年 90 岁。

2. 英国博学家（1635—1703）。胡克是一位极富创造力的博学家，起初他相当谦逊。之后，他成为当时刚成立的皇家学会的实验负责人，除了在显微镜上做出贡献之外，胡克差一点成功推导出牛顿引力定律的关键元素。生物术语"细胞"（cell）就是由胡克创造的，他第一个使用这个词来描述显微镜下看到的盒子形状的植物细胞。

3. 全称为《显微制图：由放大镜观测到的小型物体的生理结构及咨询》（*Micrographia: or some physiological descriptions of minute bodies made by magnifying glasses with observations and inquiries thereupon*）。该书出版于 1665 年（London：J. Martyn and J. Allestry，first edition），书中包含很多图片和讨论："蜜蜂的刺；孔雀羽毛；苍蝇和其他昆虫的腿；苍蝇的头；蜗牛的牙齿；野生燕麦的须；燧石中的钻石；植物上正在生长疫病的叶子；长得像螃蟹的昆虫。"它带来的影响是前所未有的。英国日志记载者塞缪尔·佩皮斯（Samuel Pepys）将其评价为"一生所阅书中最独特的一本"。在下述作品中也能看到这样的评价：P. Fara，"A Microscopic Reality Tale,"*Nature* 459 (2009): 642－44。

4. 在列文虎克之前，显微镜就利用多重镜片的结构来放大标本。最简单的结构就是两片不同焦距的镜片组合在一起，分别在一根管子的一端。

5. 列文虎克的技能仍不完全为人所知。但通过制造小型球型镜片，他可能能够改进整体光学质量，避免了仔细抛光的需要。在水滴中的标本可能实际上也产生了微弱的复合光路，使水本身就像一片镜片。

6. 根据不同的资料显示，列文虎克制造的望远镜预计可能超过 500 个——但这也许是镜片的数量，而非具体的望远镜的数量。列文虎克在这一领域工作了大约 50 年，所以这些数字可能并没有夸大。

7. 列文虎克的笔记中似乎指出，这滴水来自代尔夫特附近的一个名叫 Berkelse Mere 的小湖。

8.列文虎克写道："看到这些水正如上述所描述的，我拿出其中一点放入玻璃管型瓶中，并在第二天对它进行了检查，我发现了一些漂浮在上面的粗大颗粒，一些像蛇一样盘旋成螺旋状并且有序排列的绿色条纹。在铜币或锡罐头之上，蠕虫用这样的方式来表现它们的存在，酿酒者在酿酒过程中用它们来冷却他们的白酒。这些条纹每一条的周长大概是一个人头发丝的厚度。"

9.人类牙垢的样本于1683年被放在这些镜片下方，其中似乎包含细菌属杆状菌（Bacillus）。

10.科学家们对这些微观世界非常着迷，观测这些小生物的繁殖结果对当时流行的观念"自然发生"提出了反对意见。尽管如此，这一发现也远没有对更大的宇宙的观测结果引起的争论多。

11.最出名的就是路易斯·巴斯德（Louis Pasteur）的工作成果，他也坚定地反对自然发生这一想法，认为细菌可能不只会腐蚀食物，还会引起人类疾病。加热（"巴氏杀菌法"）食物可以有效改善这一点。罗伯特·科赫（Robert Koch）证明了炭疽病是由一种细菌引起的。

01 如果，哥白尼错了

1.原始的手稿已经遗失了，然而，阿基米德所著的《沙粒的计算》（*The Sand Reckoner*）一书中（在这本书中，他试图计算多少粒沙子能充满整个世界）提到了阿里斯塔克的日心想法："他的假设是固定的恒星和太阳保持不动，地球以一定周长绕着太阳旋转，太阳就位于地球的路径中心，恒星固定在一个大型球体上，球体中心就位于同样的中心，与太阳一样，这个球体是如此巨大，他认为地球的旋转距离恒星的固定距离与球体中心到其表面的距离一样。"Sir Thomas Heath，*Aristarchus of Samos, the Ancient Copernicus: A History of Greek Astronomy to Aristarchus, together with Aristarchus's Treatise on the Sizes and Distances of the Sun and Moon: A New Greek Text with Translation and Notes* (Oxford: Clarendon Press，1913)，302.

2. 这些水晶球的精确数量似乎是 47 个或 55 个，取决于亚里士多德模型的型号。Aristotle, *Metaphysics*, 1073b1-1074a13，in *The Basic Works of Aristotle*，ed. Richard McKeon (New York: Random House，1941; The Modern Library, 2001)，882－83.

3. 这一章的很多细节都来自 Thomas S.Kuh 的 *The Copernican Revolution: Planetary Astronomy in the Development of Western Thought*(Cambridge/London: Harvard University Press，1957; rev. ed.，1983) 中著名的延伸讨论，尤其是更深层地将"宇宙学"与整个科学框架和贯穿几个世纪的宗教联系了起来。

4. 现代译文版为《托勒密的天文学大成》(*Ptolemy's Almagest*)，G. J. Toomer (Princeton: Princeton University Press，1998)。名字来源于阿拉伯语，更早起源于古希腊语"最伟大的"一词；拉丁语版为《数学汇编》(*Syntaxis mathematica*)。

5. 正如我们所看到的，问题之一在于行星位置的计时，托勒密的模型假设所有运动都围绕本轮进行，而均轮维持着恒定的速度。

6. Andre Goddu, *Copernicus and the Aristotelian Tradition: Education，Reading，and Philosophy in Copernicus's Path to Heliocentrism*(Leiden，Netherlands: Brill，2010）. Owen Gingerich 所著的 *The Book Nobody Read: Chasing the Revolutions of Nicolaus Copernicus*(New York: Walker & Company，2004) 一书记录了精彩的历史和讨论。

7. Ingrid D. Rowland, *Giordano Bruno: Philosopher/Heretic* (New York: Farrar，Straus and Giroux，2008).

8. 确实，有很多著作描绘了是什么鼓励了哥白尼，而又是什么阻挠了他。推荐一本有趣的推理著作：Dava Sobel 的 *A More Perfect Heaven: How Copernicus Revolutionized The Cosmos* (New York: Walker & Company，2011)。

9. 有很多关于布拉赫的著作，当然有很好的理由来解释这一点：他是个富有传奇色彩的人物，有着色彩鲜明的个性。丹麦国王弗雷德里克二世（King Frederick II）也向他提供资助来帮助他建立天文台，并赐予他哥本哈根附近厄勒海峡的一座小岛。布拉赫在这座小岛上建立了天文台——天堡（Uraniborg），之后扩大了更为稳定的地下设施。这里没有望远镜，但有一些结构和设备可以让人通过肉眼来测量天体之间的精确位置和角度关系。

10. 布拉赫将他的观测结果，即我们现在所知的超新星写在 *De Nova et Nullius Aevi Memoria Prius Visa Stella*（Copenhagen，1573) 一书中。这一发现和他所观测到的彗星一起，促使他反对亚里士多德宇宙永恒不变的信仰。

11. 较为全面且准确地覆盖了西方天文学与宇宙学发展的资料是 Authur Koestler 所著的 *The Sleepwalkers: A History of Man's Changing Vision of the Universe* (London: Hutchinson，1959; repr. Arkana / Penguin，1989)。在这本书中，开普勒被当成时代的科学英雄。某些叙述表明，布拉赫起初孤立开普勒对火星的研究是因为火星足够令人困惑，能够让开普勒远离布拉赫的研究，阻止他找到对哥白尼系统的支持。但似乎开普勒知道他在做什么。这一点可以从开普勒自己 1605 年的一封信中看出："我承认当第谷去世的时候，我迅速利用了当时缺乏小心翼翼的防护和继承人这一条件，将这些观测结果纳入我的羽翼之下，或者说是篡夺了它们……"

12. 这些曲线就像其名字所述，是切片或切片穿过锥平面的结果。取决于相对的方向，因而两者相遇的情况可以被描述为抛物线、双曲线、椭圆或圆。

13. 这位意大利科学家利用两个镜片创造出了望远镜，从而直接观测到了遥远天体的正面图像。它们当然谈不上完美，但最好的望远镜能够放大 30 倍，会比人眼捕获到更多的光线。跟布拉赫一样，伽利略目睹了一次超新星（开普勒也目睹了这一次），因为他可以看到没有视差的运动，因而确定这是颗恒星，而天堂并非永恒不变的。他观察到 3 颗之后发现，有 4 颗卫星绕着木星旋转。这使他坚定了哥白尼式的观念：并非所有天体都是绕着地球运动的。

14. 皮埃尔 – 西蒙·拉普拉斯对这一点表示强烈的认可；他在 1814 年发布的《概率哲学论文》（*A Philosophical Essay on Probabilities*）中这样写道："我们可能会将宇宙现在的状态当作是过去的结果和未来的起因。在某个特定时刻的有智慧的人知道所有设置了运动性质的力，以及所有组成自然的东西的位置，如果有智慧的人数量也足够巨大，能够利用这些数据进行分析，他可能会接受一个简单的公式，来描绘宇宙中最大的天体和最小的原子的运动；对这样一个智慧人来说，没有什么是不确定的，未来就跟过去一样呈现在眼前。"翻译自：F. W. Truscott，F. L. Emory (New York: Dover Publications, 1951)，4。

15. 惠更斯关于宇宙中生命的思考在他身故后的 1698 年出版，即《宇宙理论》（*Cosmotheoros*）一书。

16. 这一争论后来成为著名的"星云假说"。该假说认为太阳系形成于一大片旋转的、自转的、收缩的物质云中，可能第一次由伊曼纽尔·斯韦登伯格（Emanuel Swedenborg，对，就是那个神学家）于 1734 年提出，之后由伊曼努尔·康德（Immanuel Kant，对，就是那个哲学家）于 1755 年进一步完善，再之后拉普拉斯也在 1796 年描述了这一假说。这个理论的早期版本，都面临着一个巨大的问题，因为它无法轻易地解释为什么行星携带了系统中 99% 的角动量。而这一点一直没有得到解决，直到 20 世纪 70 年代早期，苏联科学家维克托·萨夫罗诺夫（Victor Safronov）才为这一问题及其他问题给出了合理的解答。之后，这一模型重新被大家认可。

17. 在当今命名法中，谷神星（平均直径 950 千米）是一颗矮行星，四号小行星（平均直径 525 千米）是一颗小行星。

18. 有证据显示，在太阳光光谱中有一道明亮的黄色"线"，在 1868 年第一次被观测到。1895 年，氦元素在地球上从矿物质中分离出来。

19. 严格来说，这是现代宇宙学原理。其潜在的思想可追溯到牛顿。在 20 世纪 20 年代，亚历山大·弗里德曼（Alexander Friedmann）和乔治·勒梅特（Georges Lemaitre，第一个提出宇宙膨胀的人）分别解开了广义相对论中决定了宇宙中既均匀又各同向的动力学的方程式。之后霍华德·罗伯逊（Howard Robertson）和亚瑟·沃克（Author Walker）做了相同的工作，得出了现在所知的弗里德曼—勒梅特—罗伯逊—沃克度规，它从本质上描述了宇宙中空间和时间坐标的关系。

20. 英裔奥地利人邦迪（1919—2005）和弗雷德·霍伊尔及托马斯·戈尔德（Thomas Gold）一起工作，于 1948 年提出了稳恒态宇宙理论，并对相对论和天体物理做出了大量贡献。哥白尼理论在其著作 *Cosmology*(Cambridge, UK: Cambridge University Press, 1952) 中出现。我很荣幸在我还是个学生时，曾在剑桥大学听过邦迪的讲座。他是个非常棒的人。

21. 英国物理学家保罗·狄拉克第一次成功地做出了相对论量子力学的理论研究（这也让他与薛定谔在 1933 年共同获得了诺贝尔奖）。他于 1937 年发表了"大量的假设"——指出各种各样的基本力与宇宙在数量级的比率中的"巧合"。

22. 宇宙一开始十分炙热，之后随着膨胀冷却下来。在 20 分钟内，它冷却到足以发生核聚变，制造出氘、氦和一些锂原子核。在大爆炸约 38 万年后，宇宙冷却到足以形成原子。在原子中，电子和质子及最简单的原子核组合在一起。发生这一切是因为穿过宇宙的光束中的光子不再有能量轻易地挣脱电子束缚。因此，光子能够不陷入困境。随着时间的推移，不断膨胀的宇宙使这些冷却光子的波长不断延长。到现在，138 亿年后，它们已经冷却到微波波长——似乎出现在天空中各个方向，形成了辐射"背景"。

23. Brandon Carter, "Large Number Coincidences and the Anthropic Principle in Cosmology," *Confrontation of Cosmological Theories with Observational Data*; Proceedings of the Symposium, *Krakow, Poland, September 10-12,1973*, IAU Symposium No.63,ed.M.S. Longair (Dordrecht，Netherlands，and Boston: D.Reidel Publishing Company，1974)，291 – 98.

24. 我并不是想要暗示关于人择原理有一大堆毫无意义的著作——只有一部分。从正面角度来看，这是个绝妙的例子，可以被称为"选择障碍"，忽略掉这一没有证据的想法会是愚蠢的。有种相当好的观念是 Luke Barner 的"The Fine-Tuning of the Universe for Intelligent Life"（2011）。

25. 他们的论文是"The Anthropic Principle and the Structure of the Physical World", *Nature* 278（1979）：605-12。

26. 参见里斯所著：*Just Six Numbers: The Deep Forces That Shape The Universe*(New York: Basic Books，2000)。

27. 有大量物理著作描写平行宇宙类的事。宇宙暴涨（宇宙膨胀非常早期的相位变化带来的指数激增）就是一种——提出大量"口袋宇宙"与彼此之间独立。M 理论，一种弦理论的延伸，认为每一个宇宙都是一种膜（brane），或者隔膜（membrane）。可能性也来自用量子力学来解释"很多世界"，每一个亚原子事件都会产生一个平行宇宙。非常受欢迎的一本书是由 Brian Greene 所著的 *The Hidden Reality: Parallel Universes and the Deep Laws of the Cosmos* (New York: Alfred A. Knopf, 2011)。

28. 写完这句之后，我意识到之前有人提到过类似的观念，比如物理学家李·斯莫林（Lee Smolin）。

29. 很大程度上，这是伟大的美国古生物学家和进化生物学家斯蒂芬·J. 古尔德（Stephen J. Gould）在各方面都认可的观点。这是个非常有趣的观点。我也很好奇：如果我们发现了宇宙中一处能完美适于生命存在的地方，我们会怎么想，即使它们还未孕育出生命？

30. 虽然他在 1953 年提出这一观念，霍伊尔最初的论文包含了他对碳元素在恒星中的产生的计算，这篇论文名为"On Nuclear Reactions Occurring in Very Hot Stars. I. The Synthesis of Elements from Carbon to Nickel", *Astrophysical Journal Supplement 1*（1954）：121-46。

31. 在之后的几年里，有一些关于霍伊尔是否真的支持这种人择动机的讨论，还是说他只是试图找出恒星如何制造碳元素。参见：Helge Kragh, "An Anthropic Myth: Fred Hoyle's Carbon-12 Resonance Level" *Archive for History of Exact Sciences* 64 (2010): 721–51。Kragh 的讨论也包含了一种描述，描述物理学家李·斯莫林对人择原理利用碳这一想法的反对，它并不像是我在书中以伽利略为开头的"如果"的故事所批判的东西。

32. 这一事实由几位科学家指出，包括物理学家斯蒂芬·温伯格（Steven Weinberg）。另外，大量关于恒星中产生的碳 -12 能量水平的研究表明，60keV 的偏移可能在丰富的碳制造中几乎不会引起变化。参见：Mario Livio etal.，"Anthropic Significance of the Existence of an Excited State of C-12"，*Nature* 340（1989）：281-84。

33. 认为生命是"特殊的"，这种说法要追溯到活力论的想法——这一观点认为，有一些"重要的火花"使生命从非生命中分离出来。虽然受到主流科学的强烈反对，这样的观点仍然经常能博取大众的关注。

02 十亿年的狂欢

1. 这一大约 965 千米长的区域，靠近智利 - 秘鲁边界的地方，由南到北延伸，向西到达安第斯山脉，所包含的范围被认为是地球上最干燥的地区（甚至比南极洲的部分地区还要干燥）。确实，在海拔大约 3000 米的地方，有一片区域，其干旱的气候和土壤的化学性可以媲美火星上的条件。

2. 拉塞雷纳是一个仅有几万人口（包括紧邻区域）的城市。由于其风光优美的海滩，那里的旅游业十分发达。它也是主要国际天文台行政办公室的所在地，很多美国和欧洲国家的天文台都位于非常内陆的地方。

3. 这片山谷里有一条埃尔基河，它从安第斯山脉流向太平洋。由于这片区域非常干燥，智利人在当地内陆 64 千米的地方建设了帕克拉罗大坝（Puclaro Dam）在干旱时期用来储存河水，并在汛期控制洪涝。这片山谷是智利主要的皮斯科（葡萄白兰地酒）制造地。

4. 通常被简称为 CTIO，该天文台是美国国家光学天文台的一部分，由

美国全国科学基金会（National Science Foundation）资助。它建立于 20
世纪 60 年代早期，通常由智利和美国科学家共同使用。

5. 敏感的电子元件（包括经常被用来检测光子和构造图像的数字照相
机）在冷却的情况下能更好地工作。然而天文学家的手指却相反。

6. CTIO 提供的食物非常不错。自助食堂的景色更加迷人——我希望每
一次用餐时，都能坐在那儿观察安第斯秃鹫。

7. 太阳的直径通常以其最外围可见光表面为准，即所谓的光球。

8. 这一区域从海王星轨道（大约是地球到太阳距离的 30 倍，或者 30
个天文单位，AU）到接近海王星轨道 2 倍远的地方（大约 50 个天文单
位）。和很多靠内的小行星带不同，柯伊伯带主要的天体富含冰冻的挥发性
物质，比如水、甲烷和氨水。所有在这片区域和这片区域之外的天体通常都
被定义为超海王星。虽然这一区域是用荷裔美籍天文学家杰拉德·柯伊伯
（Gerard Kuiper，1905—1973）的名字命名的，但大量天文学家都曾质疑
这一区域的存在及其所包含的物质，直至 1930 年，冥王星被发现。

9. 天体放射出的每单位面积的能量与距离平方成反比——一个简单的
几何效果，就像光从球体向外发散一样。

10. 有时也被称为欧皮克－奥尔特云，这一坐落在太阳系外围的区域是
由荷兰天文学家扬·奥尔特（Jan Oort，1900—1992）命名的。此外，他
还在 1932 年发现了银河系中看不见的物质组成物的早期证据——今天我们
将这种物质称之为暗物质。奥尔特怀疑长周期彗星起源于一片距离太阳非常

远的区域，但仍然和太阳系有引力关系——这片区域就是奥尔特星云。动力学指出这片区域内部更像是圆盘，外部更像是球体。

11. 这一术语被认为起源于 20 世纪的波斯天文学家、数学家及诗人奥玛·海亚姆（Omar Khayyam）。在他的 200 首诗歌集《鲁拜集》（*The Rubaiyat*）中，海亚姆写道：

> When false dawn streaks the east with cold, gray line,
> Pour in your cups the pure blood of the vine;
> The truth, they say, tastes bitter in the mouth,
> This is a token that the "Truth" is wine.

12. 这就是著名的坡印廷 - 罗伯逊（Poynting-Robertson）效应，它非常微妙，但又十分反常，因为其机制取决于你所用的参考框架。一种概念化的方式是，想象你站在垂直落下的雨水中，如果你在雨中走或跑，那么雨水看起来就不再是垂直的了；确实，它会首先打湿你的前面。一个围绕太阳运动的天体与太阳光之间经历着相似的效果，形成视差：这一视觉误差看上去像是轻微地朝向它移动，而不是径向地经过它。光线携带有动量，因此天体（黄道尘中的微粒）在其朝向或轨道动量上经历了一次跌落；它被拽向更低的轨道。但事实上，事情比这复杂得多。天体也会吸收辐射，加热，放射它自己微弱的光芒。对微小的尘埃颗粒而言，吸收或放射光线的方式也非常重要，取决于颗粒的组成及实际大小。如果你愿意的话，可以阅读 Burns，Lamy，和 Soter 所写的一篇精彩绝伦但又具有很强技术性的日志，这篇文章将会告诉你一切：J. A. Burns et al., "Radiation Forces on Small Particles in the Solar System" *Icarus* 40 (1979)：1 - 48。

13. D. E. Brownlee, D. A. Tomandl, and E. Olszewski, "Interplanetary Dust; A New Source of Extraterrestrial Material for Laboratory Studies," *Proceedings of the Eighth Lunar Science Conference, Houston, Texas, March 14 - 18, 1977*, Vol. 1 (New York: Pergamon Press, 1977), 149 - 60.

14. D. Nesvorný et al., "Dynamical Model for the Zodiacal Cloud and Sporadic Meteors," *The Astrophysical Journal* 743 (44): 129 - 44.

15. 其他天文台也参与了合作。D. Jewitt et al., "Hubble Space T elescope Observations of Main-Belt Comet (596) Scheila," *The Astrophysical Journal Letters* 733 (2011): L4 - L8; and J. Kim et al., "Multiband Optical Observation of the P/2010 A2 Dust Tail," *The Astrophysical Journal Letters* 746 (2012): L11 - L15.

16. 当能量被转换成亚原子微粒时，通常会产生成对的粒子—— 一种是物质，一种是反物质。如果两者结合，会互相湮灭，并恢复成电磁能。我们似乎存在于一个由物质控制的宇宙。因此，在非常早期的宇宙，几乎不到百万分之一秒内，在物质和反物质之间一定有轻微的不对称现象，因此随着宇宙逐渐冷却，留下了不成对的物质粒子。每 10 亿 +1 的物质粒子相应地存在着 10 亿反物质粒子。为什么？这是个好问题。我们还不知道，然而大型碰撞粒子物理实验似乎最终会给出答案。

17. 这一点离事实并不遥远。最近，对环绕恒星的尘埃研究表明，有些是高度有弹性的，由硅酸盐（例如硅酸镁）制成的，并且由于辐射压力从恒星上被吹往外部。

18. 参见 J. J. Hester 等人所写的文章 "The Cradle of the Solar System," *Science* 304 (2004): 1116 – 17。

19. 这些斑块的结构真的非常像蛋,天文学家通常采用"propylid(围绕着早期恒星的紧密气体与尘埃盘)"来命名——来源于这些之前或现在是原行星盘的事实。

20. 对原行星和行星间的尘埃 / 粒子聚集物的研究表明,它们十分松散,就像是我们在床下找到的灰尘团。

21. 在真空中,温度在 –123℃～ –103℃时,水冰升华(蒸发)非常迅速,因此雪线发生在距离系统中心天体能够冷却到这些温度以下的地方。

22. 我们知道这一点是因为,我们能够建造望远镜天文台来检测原行星或环绕行星的盘的辐射,并分析这种辐射的光谱的离散特性。这些特性能够帮助我们确定已知的原子和分子。

23. 早期原恒星系统和氢聚变恒星(所谓的 0 岁主序恒星)之间的阶段之一被称为 T 型星(T-Tauri star,即原型之后)。这些天体似乎因为引力作用缓慢地收缩,并逐渐热起来,偶尔向外迸发出辐射,并最终稳定下来,进行稳定的聚变。

24. D. A. Clarke, "Astronomy: A Truly Embryonic Star," *Nature* 492 (2012): 52 – 53.

25. 逸闻趣事(但非常可信)报告表明,因为这是 1969 年,恰逢阿波罗号登月成功——在这些事件上，大众和科学界都表现出十分强烈的兴趣，也许这加快了收集来自两块陨石上的大量碎片的进程。

26. A. Bouvier, M. Wadhwa, "The Age of the Solar System Redefined by the Oldest Pb－Pb Age of a Meteoritic Inclusion," *Nature Geoscience* 3 (2010): 637－41.

27. 关于陨石中这种同位素及更多信息的非常受欢迎的描述参见 Jacob Berkowitz, *The Stardust Revolution: The New Story of Our Origin in the Stars* (New York: Prometheus Books, 2012)。

28. 更多细节，包括对我们刚萌芽的太阳系的影响，参见 N. Dauphas 和 M. Chaussidon 的精彩点评，"A Perspective from Extinct Radio-nuclides on a Young Stellar Object: The Sun and Its Accretion Disk," *Annual Review of Earth and Planetary Sciences* 39 (2011): 351－86。另可参见 Y. Lin 等著，"Short-Lived Chlorine-36 in a Ca- and Al-Rich Inclusion from the Ningqiang Carbonaceous Chondrite," *Proceedings of the National Academies of Sciences of the United States* [PNAS] 102 (2005): 1306－11。

29. 太阳诞生环境的大量（技术性）回顾参见 F. Adams, "The Birth Environment of the Solar System," *Annual Review of Astronomy and Astrophysics* 48(2010): 47－85。

30. 我们还不知道这一恒星群是不是太阳诞生地的最终结论。在这个系统中，有非常接近太阳"类似物"的东西（有着类似组成物的恒星），但天体的运动和轨道可能不遵循类似情况（见下文）。

31. B. Pichardo et al., "The Sun Was Not Born in M67," *The Astronomical Journal* 143 (2012): 73 – 83.

32. 在特定的压力下，氢气的行为像是金属一般。在木星内部，其质量约为地球质量 50 倍，形成了金属态氢。

33. 我不太喜欢"类似地球"这个术语（正如你随后将看到的），但它非常便利地概括了一切。在这种情况下，重点在于"类似"，因为虽然行星（比如火星）似乎在特定时期在其表面占据了液态水，但它可能总是拥有一种更像是极度寒冷的沙漠的气候，而非热带气候。

34. 用技术术语来讲是金斯逃逸（Jeans escape），在这时，原子或分子的速度达到在该高度下的行星逃逸速度，能够脱离行星引力作用。也有其他的损耗机理，包括"溅射"（sputtering）——太阳风的能量粒子（比如质子）重重地撞上大气原子或分子，并将它们撞进太空。

35. 雪球地球的例子之一是由大约 6500 万年前的岩石记录表现出来的。

36. 究竟是哪一个还有争议。普遍的共识是，水星和金星将被我们正在死亡的恒星吞没，地球能否存活下来尚未知晓。我在此选择乐观的那边吧。没那么乐观的观点可参见 K. Rybicki, C. Denis, "On the Final Destiny of the Earth and the Solar System," *Icarus* 151 (2001): 130 – 37。

03 比邻而居

1. 你当然可以为了你自己读读这些故事。一个相当精彩的版本是由 Robert Irwin 写作的 *The Arabian Nights: A Companion* (New York: Viking Adult，1994; rev. ed.，London: Tauris Parke Paperbacks，2004)。

2. 有趣的是，纳尼亚（*The Lion, the Witch and the Wardrobe*）和星球大战两者都有一个"救世主"。C. S. 刘易斯的故事显然是个基督教寓言故事，而乔治·卢卡斯的则更广泛地融合了童话故事和精神寓言的最好部分。而两者都发生在"另外的地方"，在这些地方，地球上的规则并不适用。

3. 有很多搜寻地外行星的报道。其中部分是：Alan Boss, *The Crowded Universe: The Search for Living Planets* (New York: Basic Books，2009); Ray Jayawardhana, *Strange New Worlds: The Search for Alien Planets and Life beyond Our Solar System* (Princeton: Princeton University Press，2011); Lee Billings, *Five Billion Years of Solitude* (New York: Current/Penguin，2013).

4. 根据 19 世纪奥地利物理学家克里斯蒂安·多普勒（Christian Doppler）命名。这是一种波发生相对位移时的频率变化效应。一种常见的解释是，当警车或救护车朝你驶来时，汽笛声调（频率）增加，实际上是由于压缩了声波，而当它远离你时，声调降低，延展了声波。恒星和星系远离我们的"红移"就相当于电磁辐射或光的多普勒效应，但需要注意光线以光的速度移动，需要加入一些时间弯曲的调整，这一点由相对论多普勒效应等式予以详细描述。

5. 这一点也以"凌日法"著称：行星经过（transit）或路过（pass）它们的母恒星前方，遮挡了少量的光线。这成为一种探寻其他世界的主要技术，由 COROT 和开普勒太空望远镜示范说明。对凌日时间变化的仔细分析也能揭露系统中其他非凌日行星的存在，因为它们拉扯了我们能看到的这些行星。

6. 行星的存在能够在来自可见背景恒星的光线方向上产生一些奇怪的、奇妙而又复杂的变化，然而从我们视野的角度看去，带有行星的恒星与更远距离的恒星（也许也带有行星）排成一列并产生透镜效应的速率非常低。所以引力透镜搜寻要求非常耐心仔细地监视很多很多的恒星。尽管如此，这一技术在感知行星（这些行星处于很广泛的轨道范围）方面是非常独特的，也提供了重要的行星丰富度的统计结果。

7. 这些名字中偶有会被人遗忘的，虽然很多也成为非常有名的，特别是米歇尔·梅厄（Michel Mayor）、迪迪埃·奎洛兹（Didier Queloz）、杰夫·马西（Geoff Marcy）和 R. 保罗·巴特勒（R. Paul Butler），加拿大人戈登·沃克（Gordon Walker）和布鲁斯·坎贝尔（Bruce Campbell），他们是多普勒探测的现代技术的先驱。

8. 这个预测行星轨道位置的经验规则是根据德国天文学家约翰·提丢斯（Johann Titius，1729—1796）和约翰·波得（Johann Bode，1747—1826）命名的——后者对该想法做出了大量贡献。"定律"并不适用于海王星，预测的其轨道半长轴和真实值之间有 30% 的误差。尽管如此，提丢斯－波得定律作为一个方便的经验法则，仍被用来寻找某些行星系统——因为行星倾向于使其轨道以半径（它们到恒星的距离）的对数均匀地分布，而这是由行星形成的自然性质导致的。然而我并不完全认可坚持这样的想法是一件好事，因为我们对这些过程没有一个完整的物理理解。

9. 美国国家天文和电离层中心（National Astronomy and Ionosphere Center, 简称 NAIC）最初的研究设施。阿雷西博天文台建造于 20 世纪 60 年代早期，于 1963 年完工。此后，它在很多重要科学发现中发挥了重要作用，包括毫秒脉冲星、双脉冲星及金星表面的雷达图。

10. 该发现参见 A. Wolszczan, D. Frail, "A Planetary System around the Millisecond Pulsar PSR1257 + 12, "*Nature* 355（1992）: 145 – 47。

11. 虽然宣称有第四个天体，但尚存疑惑；参见 A. Wolszczan, "Discovery of Pulsar Planets, "*New Astronomy Reviews* 56 (2012): 2 – 8。

12. 这颗恒星的名字是"飞马座 51 号"，2 部关键著作 / 公告是 M. Mayor, D. Queloz, "A Jupiter-Mass Companion to a Solar-Type Star, "*Nature* 378 (1995): 355 – 59，及其确认版：M. Mayor, D. Queloz, G. Marcy, P. Butle et al., "51 Pegasi, "*International Astronomical Union Circular* 6251 (1995): 1。

13. 他们关于轨道跃迁的论文为 P. Goldreich, S. Tremaine, "Disk-Satellite Interactions, "*The Astrophysical Journal* 241 (1980): 425 – 41。

14. 探索这一神奇的、不同的地外行星的大量资源持续于 http://exoplanet.eu/catalog/ 在线更新，最初由让·施奈德（Jean Schneider）在巴黎天文台发现。

15. I.A.G. Snellen et al., "The Orbital Motion, Absolute Mass and High-Altitude Winds of Exoplanet HD209458b," *Nature* 465 (2010): 1049 – 51.

16. 行星大气层是非常难以理解的复杂事物。关于"热木星"性质的相关成果参见 A. Burrows, J. Budaj, I. Hubeny, "Theoretical Spectra and Light Curves of Close-in Extrasolar Giant Planets and Comparison with Data," *The Astrophysical Journal* 678 (2008): 1436 – 57。

17. 这一奇怪的逆行移动第一次是在 WASP-17b 系统中观测到的，参见 D. Anderson et al., "WASP-17b: An Ultra-Low Density Planet in a Probable Retrograde Orbit," *The Astrophysical Journal* 709 (2010): 159 – 67。

18. D. M. Kipping, D. S. Spiegel, "Detection of Visible Light from the Darkest World," *Monthly Notices of the Royal Astronomical Society* 417 (2011): L88 – L92.

19. 例如，围绕 HD 8606（距离地球 190 光年）的巨型气态行星轨道周期是 111 个地球日，但椭圆率为 0.93。这意味着，它距离恒星最近的地方仅 0.03 个天文单位，而最远的地方是 0.88 个天文单位——将近 30 倍。在最近的地方，大气温度在 6 小时内就会升高 2 倍。

20. S. Rappaport et al., "Possible Disintegrating Short-Period Super-Mercury Orbiting KIC 12557548," *The Astrophysical Journal* 752 (2012): 1.

21. 公平地说，并不能肯定人类找到了这样的系统，因为这样的数据是非常棘手的。此外，我在此处假设的行星设置是基于一份真实声明：M. Tuomi，"Evidence for Nine Planets in the HD 10180 System," *Astronomy and Astrophysics* 543 (2012), no. A52:1 – 12。

22. N. Haghighipour，"The Formation and Dynamics of Super-Earth Planets," *Annual Review of Earth and Planetary Sciences* 41 (2013): 469 – 95.

23. X. Bonfils et al.，"The HARPS Search for Southern Extra-Solar Planets. XXXI. The M-dwarf Sample," *Astronomy and Astrophysics* 549, no. A109 (2013): 1 – 75.

24. 并且没有一颗离得足够近，能让人眼看到它们。

25. 该论述背后的理论有一篇相关文章：G. Laughlin，P. Bodenheimer，F. C. Adams，"The End of the Main Sequence," *The Astrophysical Journal* 482 (1997): 420 – 32。

26. 这一证据的大部分来自引力微重力透镜探测。T. Sumi et al., and A. Udalski et al.,(the Microlensing Observations in Astrophysics [MOA] and Optical Gravitational Lensing Experiment [OGLE] collaborations)，"Unbound or Distant Planetary Mass Population Detected by Gravitational Microlensing," *Nature* 473 (2011): 349 – 52.

27. 很多已知的地外行星围绕着 1 颗恒星，而这颗恒星有 1 颗甚至 2 颗恒星相伴在更遥远的轨道上。比如，GJ667 系统有 3 颗恒星（A，B，C），恒星 C 有 5 颗确定的地外行星围绕它旋转。围绕 2 颗恒星旋转的最确定的行星是开普勒 -16，有时被称为 "塔图因"（Tatooine）系统，以此纪念星球大战中的一个虚构的地方。

28. A. Léger et al., "A New Family of Planets? 'Ocean- Planets,'" *Icarus* 169(2004): 499 – 504.

29. 在该合作中，我参与编写了一系列论文，在 2008 年到 2010 年研究行星气候变化的基础知识。第一篇论文就是 D.S. Spiegel, K. Menou, and C.A. Scharf, "Habitable Climates," *The Astrophysical Journal* 681 (2008): 1609 – 23。

30. 将这一想法公开在《科学美国人》（*Scientific American*）上："Should We Expect Other Earth-Like Planets At All?," December 26, 2012。

31. 两篇推断出这些关于银河总行星数量的陈述的参考文献：C. D. Dressing, D. Charbonneau, "The Occurrence Rate of Small Planets around Small Stars," *The Astrophysical Journal* 767 (2013): 95 – 114; and E. A. Petigura, G. W. Marcy, and A. W. Howard, "A Plateau in the Planet Population below Twice the Size of Earth," *The Astrophysical Journal* 770 (2013):69 – 89。

32. 我在另一篇文章中写过关于这方面的更多内容：C.Scharf, "Are We Alone？" *Aeon Magazine*, June 20, 2013。

04 伟大的错误

1. 庞加莱（1854—1912）不仅是一位数学家，他还精通于很多他投入精力的事，包括物理和工程学。大部分文献表明，他总是迅速完成工作，并且很少对自己的工作进行修正或校正。

2. 该期刊仍然在发行，由瑞典皇家科学院研究机构米塔－列夫勒研究所出版。

3. 这个数学物理中的著名难题可以在很多研究文献中被发现。有很多特殊情况的精确解法，参见 Cristopher Moore，"Braids in Classical Dynamics，" *Physical Review Letters* 70 (1993): 3675－79，以及一些非常好的动画效果示意，详见 http://tuvalu.santafe.edu/ ～ moore/gallery.html。

4. 庞加莱工作成果的时间进展和完整故事，大量引用自一篇相当精彩的简短论文：Q. Wang，"On the Homoclinic Tangles of Henri Poincaré，" http://math.arizona.edu/ ～ dwang/history/Kings-problem.pdf.

5. 该赛事的奖金为 2500 克朗（瑞典币），重新印刷《数学学报》则需要 3500 克朗。作为对比，当时瑞典的高校教师一年的薪水大约为 7000 克朗。

6. 多体问题的近期历史可参见 F. Diacu，"The Solution of the *n*-body Problem，" *The Mathematical Intelligencer* 18 (1995): 6670。

7. 如果你想了解混沌和非线性的更多方面，James Gleick 所著的书非常值得一读，*Chaos: Making a New Science* (New York: Viking Penguin, 1987; rev. ed., Penguin Books, 2008)。

8. 该项工作的论文参见 J. Laskar, "A Numerical Experiment on the Chaotic Behaviour of the Solar System," *Nature* 338 (1989): 237 – 38。

9. 该项工作的论文参见 G. J. Sussman, J. Wisdom, "Chaotic Evolution of the Solar System," *Science* 257 (1992): 56 – 62。

10. 该性质由"李雅普诺夫指数"量化，这一指数描绘了动力系统中，区别非常小的轨迹（比如轨道）彼此分离的速率。换言之，系统以怎样的速度运行变得不可预测。它是根据俄罗斯科学家亚历山大·李雅普诺夫（Aleksandr Lyapunov, 1857—1918）的名字命名的。

11. 更多最近的研究包括关于爱因斯坦广义相对论对太阳系轨道演化作用的研究。该研究对牛顿简单的引力定律提供了校正。参见 G. Laughlin, "Planetary Science: The Solar System's Extended Shelf Life," *Nature* 459 (2009): 781 – 82. and J. Laskar, M. Gastineau, "Existence of Collisional Trajectories of Mercury, Mars and Venus with the Earth," *Nature* 459 (2009): 817 – 19。

12. 他们的论文是 "On The Dynamical Stability of the Solar System," *The Astrophysical Journal* 683 (2008): 1207 – 16。

13. G. E. Williams, "Geological Constraints on the Precambrian His-

tory of Earth 's Rotation and the Moon 's Orbit," *Reviews of Geophysics* 38 (2000): 37 – 59.

14. 有很多这种代码，每一种都有其自己的方法，经常有其定制化应用（不管是行星还是星系）。它们有着"水星""斯威夫特""隐士"之类的名字。

15. 有很多关于该话题的研究文献。参见 F.C. Adams, G. Laughlin, "Migration and Dynamical Relaxation in Crowded Systems of Giant Planets," *Icarus* 163 (2003): 290 – 306; M. Juric, S. Tremaine, "Dynamical Origin of Extrasolar Planet Eccentricity Distribution," *The Astrophysical Journal* 686 (2008): 603 – 20。

16. 这一理论被称为"尼斯模型"，根据法国尼斯蓝色海岸天文台命名，该模型在这里被发明出来。K. Tsiganis et al., "Origin of the Orbital Architecture of the Giant Planets of the Solar System," *Nature* 435 (2005): 459 – 61.

17. 他所著的讨论第五颗大行星的论文是"Young Solar System's Fifth Giant Planet?," *The Astrophysical Journal Letters* 742 (2011): L22 – L27。

18. A. Cassan et al., "One or More Bound Planets per Milky Way Star from Microlensing Observations," *Nature* 481 (2012): 167 – 69.

19. 关于这一话题有大量文献和很多奇妙的想法，但在关于如何评估给定的行星是否有能力支撑生命这个问题的细节上，几乎没有共识。关于这方面，可以阅读 James Kasting 的一本极富洞察力的书：*How to Find a Habitable Planet* (Princeton: Princeton University Press, 2010)。

20. 这一问题被称为"微弱的年轻太阳问题"，且至今仍然无解，但总有持续不断宣称解决了该问题的人。可以阅读 G. Feulner 的评论，"The Faint Young Sun Problem," *Reviews of Geophysics* 50 (2012): RG2006。我个人的预感是：更好的（3-D）气候模型可能能够通过更精确的行星气候描述来解决该问题。我自己未经证实的理论是：可能地球的轨道并不是我们所认为的那样。

21. 在所谓的月球形成的大型对撞理论中，一个大约火星大小的天体，被称为忒伊亚（"女神"）的原行星和年轻的地球占据了相同的轨道范围——这个天体可能有一种"马蹄形"轨道，反复地围绕着稳定的一点（拉格朗日点），朝向或尾随着地球自身的轨道运动。最终，它的轨道路径使它撞上了地球。虽然这是目前较为先进的理论，但有现象表明，可能这并不是所发生的情况的完整描述。参见 D. Clery 的短评，"Impact Theory Gets Whacked," *Science* 342 (2013): 183–85。

22. 他们的研究由 H. F. Levison 等报道："Capture of the Sun's Oort Cloud from Stars in Its Birth Cluster," *Science* 329 (2010): 187–90。

05 生命的算法

1. 古细菌和细菌一样，都是原核生物，是单细胞生物，没有细胞核或其他细胞器。1977 年，人们第一次清晰地辨认出了某些物种是一种原核生物，并将它们分类到了单独的领域，和细菌区分开来，这一切是由 Carl R.

Woese 和 George E. Fox 完成的，基础的基因分析报告参见"Phylogenetic Structure of the Prokaryotic Domain: The Primary Kingdoms,"*PNAS* 74 (1977): 5088 – 90。

2. 毫无疑问，这些估测数值会有区别。我在此引述的数量基于 William B. (Brad) Whitman 的一篇有影响的论文，"Prokaryotes: The Unseen Majority,"*PNAS* 95 (1998): 6578 – 83。它涉及大量基于测量出的人口和环境情况所做出的推断。

3. Paul Falkowski, Tom Fenchel, and Edward Delong, "The Microbial Engines That Drive Earth's Biogeochemical Cycles,"*Science* 320 (2008): 1034 – 39.

4. 很多分子机器是由含有两个或两个以上相同或不同多肽链的蛋白质组成的。多肽链本质上是一连串的氨基酸，通过共价键结合在一起——共价键是原子之间共享电子形成的。嗬，化学太复杂了。

5. 关于生命的能量供应和燃料 / 燃烧方式的一篇非常好的评论由 K. H. Nealson 和 P. G. Conrad 所著，"Life: Past, Present, and Future,"*Philosophical Transactions of the Royal Society B: Biological Sciences* 354 (1999): 1923 – 39。

6. 虽然听上去并不复杂，但通过微生物形成甲烷，就像所有的新陈代谢过程一样，涉及大量眼花缭乱的酶和反应，而且并不总是相同的。事实上，有三种主要的新陈代谢方式能够制造甲烷：二氧化碳还原法（在这里要重点强调这一点）、醋酸发酵法和甲醇或甲胺歧化反应（同时发生氧化和还原反应，生成两种物质）。每一种都涉及很多化学步骤。

7. 这样的例子有很多。最近特别奇妙的一例就是明显耦合在一起的、发生在广泛分离（12 毫米，有大量细菌的广阔海湾）的海洋沉积层之间的化学反应（氧化还原反应）。将这些物理层联系在一起的一个可能的机制事实上就是电——细菌可能真的控制了带点粒子流穿越行星。L. P. Nielsen et al., "Electric Currents Couple Spatially Separated Biogeochemical Processes in Marine Sediment," *Nature* 463 (2010): 1071 – 74.

8. 各种蓝藻细菌（蓝绿细菌）早在 30 亿年前就使用太阳光来制造它们自己的食物了。这些制氧生物仍然在地球上无处不在。

9. N. Lane, W. F. Martin, "The Origin of Membrane Bioenergetics," *Cell* 151 (2012): 1406 – 16.

10. 比如说，细菌能够以"质粒"的形式交换少量的遗传物质。这些质粒通常以循环的 DNA 串（与染色体 DNA 区分开来）形式存在于细胞中，携带着遗传密码，处于成千上万的碱基对（字母）的任何位置。为什么自然会做这些事？对微生物而言，优势在于共享 DNA 的能量能够编码来对抗威胁，就像抗生素一样。实际上，质粒的传播增加了总量的存活概率，而不仅仅只是碰巧有着正确的基因突变的个体的存活概率。

11. 这仍然是一个可能引起争端的议题。从岩石记录上来看，有证据表明大约 7.6 亿～ 6.5 亿年前之间，可能有一段时间全球的温度都很低，冷到足以使似乎永不消退的冰层覆盖到了甚至最低纬度的地方。关于地球如何结冰、为什么结冰，以及如何恢复等问题的延伸都引起了讨论，参见

P. F. Hoffman et al., "A Neoproterozoic Snowball Earth," *Science* 281 (1998):1342 – 46。确实，带有表面水的行星更易受到正反馈过程影响，在该过程中，冰冻的水比液态水反射更多的太阳能，因此进一步降低了地表温度。雪球状态可能在地外行星上更为普遍。

12. B. J. McCall and T. Oka，"H_3^+—an Ion with Many Talents,"*Science* 287 (2000): 1941 – 42.

13. D. F. Strobel, "Molecular Hydrogen in Titan's Atmosphere: Implications of the Measured Tropospheric and Thermospheric Mole Fractions,"*Icarus* 208 (2010): 878 – 86 (and references therein).

14. 确实，一些关于新陈代谢和碳化学更加抽象的系统结构的研究表明，碳基新陈代谢几乎是可以确定的，在可能性的空间中是一种"吸引子"。R. Braakman and E. Smith，"The Compositional and Evolutionary Logic of Metabolism," *Physical Biology* 10 (2012):011001.

15. 在泰坦大气层中对氢分子向下通量的测量结果重新引起了一些关于卫星上生命的讨论。参见 Strobel，"Molecular Hydrogen"。

16. 通过采用"宏基因组学"工具，环境的样本经过处理来测量所有生命都会使用的某些关键基因的基因多样性。比如说 16S 核糖体 RNA 基因序列由 1542 个核酸"字母"组成，并被定义为"高度保守"——意味着随机变异更易引起问题，并在自然选择的过程中被迅速放弃。因此任何不同的版本往往都会导致不同的生物物种。测量样本中这一序列的多样性能够估测出现存细菌或古细菌明显不同的物种的数量。

17. J. M. Beck, V. B. Young and G. B. Huffnagle, "The Microbiome of the Lung," *Translational Research* 160 (2012): 258 – 66.

18. 对这一不可思议的领域探索，有很多精彩的信息来源。其中非常不错的非技术性讨论是由 J.Ackerman 所著的 "The Ultimate Social Network," *Scientific American* 306 (2012): 36 – 43。关于人类微生物组的研究不断有新的声明发布出来，2010 年的肠道微生物研究是 MetaHIT 项目（人体肠道内的宏基因组学）的一部分，并由 J. Qin 等人报道，"A Human Gut Microbial Gene Catalogue Established by Metagenomic Sequencing," *Nature* 464 (2010): 59 – 65。

19. 肠上皮细胞是由分析人体排泄物（这点很可爱吧）的宏基因组数据而被发现的。该成果由 M. Arumugam 等人描绘，"Enterotypes of the Human Gut Microbiome," *Nature* 473 (2011): 174 – 80。

20. 研究这种可能性已经是很早以前的事了，但似乎确有联系，有时我们将之定义为"菌 – 肠 – 脑轴"。概述可见 V. O. Ezenwa 等著 "Animal Behavior and the Microbiome," *Science* 338 (2012): 198 – 99。

21. 确实，这导致某些科学家使用术语"全基因组"（hologenome）——相当数量的人类加上微生物基因总和，来研究进化和自然选择（对多细胞有机体来说这可是事实）。部分研究似乎支持这样的观念，参见 R. M. Brucker, S. R. Bordenstein, "The Hologenomic Basis of Speciation: Gut Bacteria Cause Hybrid Lethality in the Genus Nasonia," *Science* 341 (2013): 667 – 69。

22. 可能权威著作仍为 B. Hölldobler 和 E. O. Wilson 所著的 *The Ants* (Cambridge，MA: Belknap Press of Harvard University Press，1990)。

23. 首次发现的有关章鱼收集"工具"、以便在未来使用的学术报告是由 J. K. Finn，T. Tregenza 和 M. D. Norman 所著的"Defensive Tool Use in a Coconut-Carrying Octopus,"*Current Biology* 19 (2009): R1069 - 70。他们观察了章鱼收集、堆积和转移（笨拙地使用"高跷手法"）椰子壳——似乎将这些椰子壳囤积起来当作防护罩来使用。Finn 表明这样的场景可笑极了："我从来没有在水下笑得那么厉害过。" www.eurekalert.org/pub_releases/2009-12/cp-tui120909.php.

24. 精确的数据目前尚未得知。这一时间框架是建立在被称为海洋同位素阶段 6（MIS6）的冰川时期，以及人类遗传多样性研究之上的。其他关于人类总人口的潜在瓶颈期也被提出过——比如，大概 7 万年前，甚至回溯到 120 万年前。然而，我认为可以肯定的是，不是每个人都同意人口总数发生过这样的骤降。G. Hewitt，"The Genetic Legacy of the Quaternary Ice Ages,"*Nature* 405 (2000): 907 - 13.

25. 虽然这里有一切这样的陈述，但并不是每个人都同意这样的解释。大家自行决断吧。C. W. Marean et al.，"Early Human Use of Marine Resources and Pigment in South Africa During the Middle Pleistocene,"*Nature* 449 (2007): 905 - 908.

26. 这是个粗略的数字。似乎在尼安德特人消亡的问题上，有很多不同的观念——特别是考虑到地理位置方面。

27. R. E. Green et al., "A Draft Sequence of the Neanderthal Ge-nome," *Science* 328 (2010): 710 – 22.

28. 有一篇很好的评论广为流行，是由 K. S. Pollard 所著的"What Makes Us Different?," *Scientific American* 22 (2012): 30 – 49。我有很多结论都来自这篇文章。

29. 我认为这一点在某种程度上来说是真的；然而，它也指出如果人类类型的智慧是如此伟大，为什么它似乎在地球上近 40 亿年的时间里只发生了 1 次？我并不确定这样的论点有多好。例如，开花植物在进化史上不可思议地成功了，但却在 1300 万年前只发生了 1 次，而这一点可能与生物（比如昆虫）的总量有相当大的关系。一如往常，总有各种各样的因素影响着生物策略的成功或失败。

06 宇宙平原的捕猎者

1. 我觉得尤其是非比寻常的法国南部阿尔代什省的肖维－杜邦－圣女贞德洞穴，洞穴内有数以百计的令人惊艳的动物壁画，可以追溯到 3.2 万～ 3 万年前。美丽的可视化研究可参见 Werner Herzog 的纪录片 *Cave of Forgotten Dreams* (2010)。

2. 这种周期性的宇宙观念（例如在印度哲学和佛教中）相当普遍。

3. 在写作的同时，我们完全没有任何其他地方生命的数据。当然，缺乏数据本身就很有趣，也常被用来构建宇宙中外太空生命的性质以及尚未出现（不管有多少有希望的想法，它确实还没有出现）的理论。我在最后一章讨论了这一难题。

4. 这位德裔英国科学家也是位了不起的天文学家、光学工程师，甚至还是位作曲家。他做出的关于月球或太阳上的生命的论述被引用在 Iwan Rhys Morus 的书中，*When Physics Became King* (Chicago: The University of Chicago Press，2005)。赫歇尔自己的论文也非常有用，比如 W. Herschel, "On the Nature and Construction of the Sun and Fixed Stars," *Philosophical Transactions of the Royal Society of London* 85 (1795): 46–72，一些关于月球的思考可参见 W. Herschel, "Astronomical Observations Relating to the Mountains of the Moon," *Philosophical Transactions* 70 (1780): 507–26。

5. 关于迪克和赫歇尔多元化想法的有用文献可参见：Michael J. Crowe 的 *The Extraterrestrial Life Debate, 1750–1900: The Idea of a Plurality of Worlds from Kant to Lowell* (Cambridge, UK: Cambridge University Press，1986)。

6. 估算可观测宇宙中的恒星总数并不是严谨的科学。事实上这里引用的数字保守估计约为 10^{21}；部分研究表明有可能会比该数值还要大 3 倍。这一点是由 P. G. van Dokkum 和 C. Conroy 的研究推论而来的，参见："A Substantial Population of Low-Mass Stars in Luminous Elliptical Galaxies," *Nature* 468 (2010): 940–42。

7. 关于贝叶斯有很多著作，尤其是过去几十年贝叶斯统计的使用不断增长。我在此引用的资料来自 D. R. Bellhouse 的论文 "The Reverend Thomas Bayes, FRS: A Biography to Celebrate the Tercentenary of his

Birth, " *Statistical Science* 19 (2009): 3 - 43。更流行的文献来自 Sharon Bertsch McGrayne 的 *The Theory That Would Not Die: How Bayes' Rule Cracked the Enigma Code, Hunted Down Russian Submarines, and Emerged Triumphant from Two Centuries of Controversy* (New Haven: Yale University Press, 2011)。

8. 普莱斯值得获得更多的声誉，因为他成功地将贝叶斯的想法转变成了出版物，并且看着它们处于哲学的光明之中。

9. 简单的形式是：$P(A/B) = \dfrac{P(B/A)P(A)}{P(B)}$。例如，在这当中 A 是假设或模型，B 是数据。

10. 普莱斯所用的例子是一个新出生的婴儿看到太阳升起及落下。而我更倾向于用小鸡。

11. 实际上，我们尚且不知是什么促使刘易斯·卡罗尔（Lewis Carrol）创造出这些形象的怪物（或者至少其中之一）。理论范围从狮子的纹章图片到教堂上的石像鬼，再到传说中来自英国柴郡的用牛奶喂养的快乐的猫。

12. 这一"争论"划分为两大阵营：一种即所谓的频率派，另一种即贝叶斯派。频率派认为事情是基于测量结果的，并经常假设有固定的基本参数，而无法指定概率。例如，如果一个实验做了 100 次，有 95 次产生了某种特定结果，频率派会认为之后 95% 的实验都会产生这样的结果——他们并不分配概率。

13. David Spiegel, Edwin Turner, "Bayesian Analysis of the Astro-biological Implications of Life's Early Emergence on Earth," *PNAS* 109 (2012): 395 – 400.

14. 最为大众接受的地球上早期生命的证据来自叠层岩——由微生物化石形成的层状岩石沉积物。这样的结构仍然在大量特殊位置形成，比如澳大利亚的鲨鱼湾和巴哈马的埃克苏马群岛。最古老生物的起源大约有34.5 亿年的历史。也有说法称澳大利亚微生物化石网状印记的存在可能有34.9 亿年。还有人宣称有 38 亿年的微生物沉积。但这些都引起很多争论。估算最早的生命难度在于几乎没有什么地方能够让我们获得这些非常古老的岩石。

15. 这是 NASA 的"新视野号"任务，于 2006 年发射，于 2015 年以每秒 14 千米的速度飞过冥王星，并在之后前往其他目标。

16. 这对所有的探测器来说并不是真的。"先锋 10 号"可能需要花费超过 6000 万年时间来适度靠近金牛座的恒星（68 光年远）。"先锋 11 号"需要经过大约 4 万年抵达一颗 1.7 光年外的低质量恒星。"旅行者 11 号"也会在大约 4 万年的时间里经过另一颗几光年外的低质量恒星。而"旅行者 2 号"会在 29.6 万年的时间里经过几光年之外的天狼星。

17. 该木星冻水表面的可视化检测和表面硫酸的探测必须以氯化物及感应磁场的测量一起展开，所有这一切都指出欧罗巴上有大量的地下海洋。它可能处于几十千米厚的固体层壳之下，但可能偶然因为板块相撞之类的过程泄露出来一些。促使欧罗巴内部保持温暖的可能是岩质核内的辐射加热作用和引力潮摩擦加热作用的综合效果，而引力潮则来自欧罗巴因其自身围绕木星的椭圆轨道引起的延伸与恢复作用（其轨道则是由于跟另外一颗伽利略卫星相互作用导致的）。

18. 一个稍微过时但却非常好的概述可参见：D. Penny，A. Poole，"The Nature of the Last Universal Common Ancestor，"*Current Opinion in Genetics and Development* 9 (1999): 672 – 77。贝叶斯分析支持 LUCA 这一理念的报告可参见：D. L. Theobald，"A Formal Test of the Theory of Universal Common Ancestry，"*Nature* 465 (2010): 219 – 22。该成果还有相当精彩的讨论，参见：M. Steel，D. Penny 所著的"Origins of Life: Common Ancestry Put to the Test，"*Nature* 465 (2010): 168 – 69。

19. 关于该想法有大量著作，这些著作可以追溯到 20 世纪 60 年代，掩盖在不同名词下的论述。第一个使用术语"RNA 世界"的是 Walter Gilbert 的"Origin of Life: The RNA World，"*Nature* 319 (1986): 618。

20. （参见早期微生物制造的岩石结构笔记）古生物学者最近宣称找到了 34 亿年前的食用硫的细菌细胞化石，以及 34.9 亿年前的微生物制造的岩石中的网状图案，两者都来自西澳大利亚的皮尔巴拉。

21. 这些小东西真的推翻了很多成见。一篇优秀回顾可参见：James L. Van Etten，"Giant Viruses，"*American Scientist* 99 (2011): 304。

22. D. Arslan et al.，"Distant Mimivirus Relative with a Larger Genome Highlights the Fundamental Features of Megaviridae，"*PNAS* 108 (2011): 17486 – 91.

23. 这可不是个无聊的宣布，如果是正确的，那可是相当了不起的。A. Nasir, K. M. Kim and G. Caetano-Anolles et al., "Giant Viruses Coexisted with the Cellular Ancestors and Represent a Distinct Supergroup Along with Superkingdoms Archaea, Bacteria and Eukarya," *BMC Evolutionary Biology* 12 (2012):156.

24. 由戴维斯等人所著的一篇探索影子生命的论文为 "Signatures of a Shadow Biosphere," *Astrobiology* 9 (2009): 241 – 49。虽然这些想法受到了很多批评，并且我个人认为有一些非常根本的问题，但这仍然是个值得思考的问题。

25. 严格来说，砷酸是一种附属在其他物质上的分子群，化学分子式为 AsO_4^{3-}——一个离子。一些生物确实会将砷吸收进有机砷分子中——比如说，某些海洋藻类和细菌。但这种行为非常有限。

26. 这种三磷酸腺苷分子（ATP，化学分子式为 $C_{10}H_{16}N_5O_{13}P_3$）有时被称作细胞内能源传输的分子货币单位。光合作用或者发酵的过程创造出 ATP，之后 ATP 被用在细胞中大量其他的地方，并在之后被转换成之前的分子，同时释放出能量——换句话说，它是新陈代谢的核心部分。

27. 正式名字为 GFAJ-1，代表着 "给费丽萨一份工作"，为了纪念费丽萨·沃尔夫－西蒙（Felisa Wolfe-Simon），她作为博士后研究人员，是描述这项工作的文章第一作者。Wolfe-Simon et al., "A Bacterium That Can Grow by Using Arsenic Instead of Phosphorus," *Science* 332 (2010):1163 – 66. 但你不能不看看那些科学界的反应，确实也有一些强烈的批评声。一个好的回应来自 B. P. Rosen, A. A. Ajees, and T.

R. McDermott,"Life and Death with Arsenic,"*BioEssays* 33 (2011): 350 – 57。

28. 来自《纽约时报》对 Dennis Overbye 的采访，出版于 2010 年 12 月 2 日，这些文字被广泛引用。

29. M. Elias et al.,"The Molecular Basis of Phosphate Discrimination in Arsenate-Rich Environments,"*Nature* 491 (2012): 134 – 37. 早期论文也发现，并没有证据证明在这种细菌中，砷被吸收进了 DNA 并为之所用，参见 M. L. Reaves 等著,"Absence of Detectable Arsenate in DNA from Arsenate-Grown GFAJ-1Cells,"*Science* 337 (2012): 470 – 73。

07 这里发生的事与众不同

1. 开普勒 -47 这一系统的发现于 2012 年宣布。在这个系统中的两颗行星都很大，一颗可能是气态的大行星，另一颗比海王星稍大。较大的那颗每 50 个地球日绕双星太阳一圈，小点的那颗每 303 个地球日绕行一圈。恒星中一颗约有太阳大小，另一颗大概 1/3 太阳大小。

2. 确实，部分天文学家表明，我们星系中行星系统的默认类型是一种由几颗轨道较小，花费几天或几周绕行恒星的行星组成的。

3. 一个例子是 HD10180 的行星系统，它是一颗离我们大概 127 光年的太阳大小的恒星。传输数据的分析（虽然在写这本书时尚未被新的测量结果证实）表明可能至少有 9 颗行星——有 7 颗的轨道大约在地球到太阳距离的 1/2 之内，2 颗分别在 1.5 倍和 3.5 倍之外。参见 Tuomi,"Evidence for Nine Planets"。

4. 在我们的太阳系中，木星有 67 颗卫星。大部分都很小，但伽利略、木卫一、木卫二、木卫三和木卫四十分巨大。木卫三的直径甚至比水星还大。天文学家认为"系外行星"必然存在，并力图找到它们。它们是"宜居的"的可能性已经经过了长时间的考虑；事实上，我在之前写过一篇论文来讨论这些问题，其中包含几篇对早期作品的引用：C. A. Scharf,"The Potential for Tidally Heated Icy and Temperate Moons around Exoplanets,"*The Astrophysical Journal* 648 (2006): 1196 – 1205。

5. 这也经常被定义为"潮汐锁定"或"掳获转动"。

6. 库恩在他关于哥白尼改革的书中做出了这样的叙述，和上述相关的在第 1 章的注释中。Owen Gingerich 的书 *The Book Nobody Read* 也值得一看。书中，他试图追溯第一版的《天体运行论》，Gingerich 详细描述了伽利略、开普勒和其他人是如何利用这本书的，甚至给这本书编写了注释。这本书实际上被广泛阅读，并被那些能够应对其密集的技术性性质的人类所称赞。

7. J. Laskar et al.,"Long Term Evolution and Chaotic Diffusion of the Insolation Quantities of Mars,"*Icarus* 170 (2004): 343 – 64.

8. 在这个时刻，我们的太阳系似乎经过了非常稀薄的物质区域——相当原始，被称为本地星际云团。它直径大约有 30 光年，每 3 立方厘米中包含 1 颗原子。人类已经身处太阳系某个地方，生活了 4 万～ 15 万年，也许在未来的 2 万年内不会再出现。更厚的星际云，就像产生恒星的分子云一样，平均下来有 100 ～ 1000 倍的密度。

9. 关于该观念的最著名的讨论之一在 Peter D. Ward 和 Donald Brownlee 所著的书中，*Rare Earth: Why Complex Life Is Uncommon in the Universe* (New York: Copernicus/Springer-Verlag，2000)。它总结了大量的证据来证明复杂细胞和智慧生命在宇宙中不同寻常；这个论点的关键部分在于，复杂细胞生物需要大量的定制化环境参数和生物组成物。吸收了这些想法的更多最新的天体物理学研究，参见 John Gribbin, *Alone in the Universe: Why Our Planet Is Unique* (Hoboken，NJ: John Wiley & Sons，2011)。

10. 虽然我在主要内容中没有讨论这一点，似乎仍然有暗示性的、假设稀有的地球想法，认为地球上的一切都"完美"地适合复杂细胞的智慧生命。以燃料化石的存在为例，大量的煤和天然气存在于 3 亿年前的石炭纪时期。这些燃料帮助人类成为今天这样，成为懂技术的存在。需要非常特殊的环境，比如低海平面、树皮肥厚的树，以及气候变化（可能通过大陆漂移和造山活动提供帮助）来提供这样的能量存储。但化石燃料可能使我们在接下来的几个世纪发生灾难性的失败。如果我们只是进化图上的一角，我不认为地球是为我们做的精调——它只是简单地恰好允许我们这种生物在此出现。

11. N. Lane and W. Martin，"The Energetics of Genome Complexity，"*Nature* 467 (2010): 929 – 34. 复杂生命的进化之路的另一种讨论由 J. A. Cotton 和 J. O. McInerney 提出，他们认为是"生命之环"而非生

命之树，参见："Eukaryotic Genes of Archaebacterial Origin Are More Important Than the More Numerous Eubacterial Genes, Irrespective of Function," *PNAS* 107 (2010): 17252 – 55。

12. 这一想法可以追溯到很久以前，甚至是古希腊时候。19 世纪，包括开尔文和亥姆霍兹在内的科学家对其进行了讨论，它还出现在 20 世纪早期斯万特·阿雷纽斯（Svante Arrhenius）的作品中。有生源论仍然是一种流行但尚未证实的想法。可以肯定的是，在太阳系内部很可能存在着由小行星撞击导致的，行星表面的物质弹射到太空里和其他世界上而发生的生物物质"交换"（引起了对火星来源的陨石的兴趣）。这一点是否导致了能独立地在其他世界存活的生物仍然不确定。

13. 我认为可以进一步让棒球类比更精确地匹配地球上的生命情况。假设乔不知道那晚球撞进人群中的总数——可能是一次，也可能是上千次。在试图评估得到一个球的概率时，他仍然会经历同样的情况，因为那看上去仍然十分神奇。事实上，当面临宇宙中生命这一问题时，我们处于同样的状态，甚至更加困难，因为我们不知道体育馆的大小，也不知道有多少其他的观众（可居住的世界）。

14. 它确实是，并且一部分关键科学家还获得了 2011 年的诺贝尔奖。他们利用极端遥远的超新星亮度测量结果来评估宇宙膨胀的方式是跨越宇宙时间的。这项研究发现大约 50 亿年前，宇宙由减速膨胀（由所有物质的引力效果导致）转变为加速膨胀。大量其他的指示存在并被发现以确证这一点。

15. 他们的科学报道为"The Return of a Static Universe and the

End of Cosmology，" *General Relativity and Gravitation* 39 (2007)：1545 – 50。另外，这两位作者还撰写了一篇非常流行的文章："The End of Cosmology?，" *Scientific American* 298 (March 2008)：46 – 53。

16. 在写作这本书时，恒星跨越宇宙时间形成的最新预估来自：D. Sobral，"A Large Hα Survey at z = 2.23，1.47，0.84 and 0.40：The 11 Gyr Evolution of Star-Forming Galaxies from HiZELS，" *Monthly Notices of the Royal Astronomical Society* 428 (2013)：1128 – 46。

17. 巧合的是，我写了一本关于这方面的书：C. Scharf, *Gravity's Engines: How Bubble-Blowing Black Holes Rule Galaxies, Stars, and Life in the Cosmos* (New York: Scientific American/Farrar, Straus and Giroux, 2012)。

08 我们是谁，我们的诞生与存在

1. 经常被引用的这个距离并不是以光行进的时间（138 亿年）来计算，而是指我们与宇宙在目前的宇宙学时间上（等价于这一时间上恰当的距离）可观测到的边缘的共动距离。这是真实的物理距离，虽然人们仍然（错误地）认为这一距离是 138 亿光年。

2. 哺乳动物，和其他鸟、鱼、昆虫，以及最宏大的多细胞生命形式一样，似乎都遵循着类似的物理大小分布，倾向于平均值较小的尺寸——小的生物数量更多，但不会超过某个极限。M. Buchanan，"Size and Supersize，" *Nature Physics* 9 (2013)：129.

3. 一个关于相反的力量或现象的相互关联和互补的概念——光明与黑暗、热与冷、主动与被动等。

4. 迈克尔是一名拥有医学博士学位的天体生物学家与工程师，他因将人工神经网络用于天文学的先驱性工作而为人所知，并对所有事做了大范围的调查，从图像压缩到生命起源生物信息的叠层石图案等。

5. 差不多 20 年前，这位开创性的思想家写了一本伟大的著作，讨论复杂性的性质和涌现现象：S. Kauffman，*At Home in the Universe: The Search for the Laws of Self-Organization and Complexity* (New York:Oxford University Press，1995)。

6. 我猜测这得益于身为作家和科学家的双重身份：你得做出明智的猜测。然而，在我开始写这本书时，我并不知道这会成为最终的结论。展现在此的收集到的证据对于得出这一结论是极其宝贵的。

7. 这是个有趣的话题，有时接近于非科学的"设计"性理论论点。明确一下，这完全不是我在此想表达的。在地球上，生命分支有很多明显的"收敛"，从逻辑上来说，这是进化的性质，物种的变异会由它们的优势选择出来。因此，在有限的物理和化学环境中，在地球的特殊历史上，生物可能会"重新创造"出类似的策略，甚至这些策略是高度复杂的，也是有意义的。尚不明确的是，在地球上的生命与绕着另一颗恒星的行星上的生命之间，我们能看到什么程度的收敛。

8. 这个相当了不起的无线电波望远镜已经不存在了。它在 1998 年遭到了破坏，它所占据的土地被用来建成了高尔夫球场和房屋，美其名曰节约地皮。从 1963 年到 1997 年，大耳望远镜不仅参与了 SETI，还参与了更"普通的"天文研究，探索天空，找寻电波强的类星体。

9. 关于 WOW 信号，以及为了寻找它所做的努力，埃曼写了一本非常好的、详细的总结。

10. 促使费米说出这样的评语是因为，即使星际旅行很慢，需要几千年的时间才能从一颗恒星到达另一颗恒星，但银河系已经足够老了（至少有 100 亿年），足以使现在古老的物种散布得到处都是。这样的考虑也处在对德雷克方程式的讨论中，该方程表示数值因素的组合，由美国科学家弗兰克·德雷克（Frank Drake）于 1961 年提出，重点讨论宇宙中生命的搜索。这些因素包括行星能够支持生命的比例，以及文明传播其存在的时间长度。

11. 这包含了陆生植物生命的红外反射率和透明度，也被称为"红边"，因为它在大于 700 纳米波长的红外光谱上创造了一步，或者说一跳。

12. 关于其思想的流行著作可参见 R. Penrose, *The Emperor's New Mind: Concerning Computers, Minds, and the Laws of Physics* (Oxford, UK: Oxford University Press, 1989)。

13. 一个绝佳的例子是对非比寻常的沃斯托克湖水体的研究。该湖在南极冰帽的 4 千米之下，大小为 257 千米乘以 48 千米。这个地下湖中的水可能和地球上其余环境隔离了上万年，甚至更久。

14. 没有人知道在多重宇宙中有多少其他的世界。一些所谓的混沌暴涨理论（用物理使宇宙膨胀得更大）表明 10^{160} 个不同的宇宙都是有可能的。A. Linde，V. Vanchurin，"How Many Universes Are in the Multiverse?,"*Physical Review* D 81，no. 083525 (2010): 1 – 11.

15. C. Sagan，*Pale Blue Dot: A Vision of the Human Future in Space* (New York: Random House，1994).

　　当我还是个小孩时，我住在英国的乡村，一个满是田园风光的地方，到处都是植物、动物、土壤、水和偶尔奇怪的味道。我在那里长大，逐渐从一个懦弱的孩子变成一个稍微不那么懦弱的青年。我秘密（而又十分极客）的爱好之一就是试图跟宇宙交谈，想在一个无限的、巨大的世界中找到自己的位置。这也许是一系列的青春期幻想，关于超级英雄起源，关于神秘的、尚未揭露的过去。也许只是我比较奇怪，或者可能很多孩子都有类似的野心，我还不知道。但在很多个夜晚，我都离开餐桌，在外面的夜空下漫步——此时，夜空暗下来，星星开始出现。我会离开家，走很远的路，找到一个隐秘的地方。夏天我通常待在沙沙作响的小麦地里，我坐着或躺着，不被任何人发现。我会尽可能地瞪大双眼，聚精会神地找到最完美的角度，到了晚上宇宙之夜笼罩着我，接纳着我，用它那无限的广阔填满我，并表现出难以形容的真实。

　　当我坐在或趴在戳人的植被上时，天空中有如此广袤的行星，让我渐渐地感到自己的渺小和微不足道，周边的环境也使我感到自己是这个星空下重要的组成。在夜晚凉爽潮湿的空气中，所有矿物的刺鼻味道和泥土与植物的芬芳气息缭绕在我身边。万籁俱寂，同时也不断出现无数的小生物，它们要么安静下来度过夜晚，要么从地下和土地中寻觅食物。远处偶尔传来一些被遗弃的圈养动物的孤独叫声，或者听起来同样寂寞的猫头鹰的叫声。

　　这是一种强烈的、原始的、抚慰人心又令人兴奋的经历，高高在上的宇宙就像每晚的陆地一样例行公事、漠不关心。当然，我知道我经历的这些宇宙秩序的感觉有些虚幻。但它们非常逼真。我，以及任何在外面的人，不仅仅是撒在复杂宇宙中的调味料——我们必须有相关性吗？或者可能没有，我强迫自己去思考，也许我们的存在根本毫无意义，而我们渴望找到其意义不过是一个悲剧故事。

　　这段童年时期的经历自此伴随着我，并不断地更新我脑海中的这个问题，该如何将我们对这个世界的强烈经历与我们渴求知道人类在宇宙中的地位分离开呢？本书第 1 章试图解决这个难题，通过我所知道的，以及很多其他人思考和讨论的东西来处理这个问题。

　　自从我开始写这本书，我跟很多人有过交流。其中一些是我的同事，其他科学家。他们试图一头扎进无数迷人的自然细节中，思考这些细节，并将这些细节置于宇宙舞台上。其他的一些，可能大多数时候，都是在与那些问我在干什么的人交流。从朋友、点头之交到飞机上、火车上，以及最意想不到的地方的陌生人——足球比赛的场外、一条乡间小路的中间、挪威山脉的半山腰和繁华超市的奶酪通道处。

与后者的交流是最振奋人心、最有趣的。没有任何一个人对我说："我对我们在宇宙中的地位毫无兴趣。"事实上，完全相反：我们都迫切地想知道真相，特别是科学试图找到的那类合理的真相。我们不断地工作，并发现了越来越多的我们所不理解的事。

为了从一开始就理解这一点，我要感谢我出色的经纪人，即 Mullane Literary Associates 的 Deirdre Mullane，以及同样出色的《科学美国人》的编辑 Amanda Moon、Farrar、Straus 和 Giroux。他们不知疲倦的鼓励和辛勤工作使写作过程变得顺利许多。同样，感谢非凡的出版人 Gregory Wazowicz 和 Stephen Weil，以及编辑组的 Christopher Richards、Daniel Gerstle 和 Laird Gallagher。特别感谢 Annie Gottlieb，其卓越的文章编辑能力再一次发挥了作用。

很多年以前，我的朋友和科学家同事 Michael Storrie-Lombardi 在我易受影响的头脑中种下了很多想法的种子。这一点让我无限感激。我也感激拥有这样的机会去了解如此多伟大的科学家，并和他们互动，他们经常在无意中帮助我写就了这本书。不完整的名单包括：Frits Paerels、Arlin Crotts、Fernando Camilo、Gene McDonald、Geoff Marcy、Dave Spiegel、Kristen Menou、Ben Oppenheimer、Daniel Savin、Josh Winn、Linda Sohl、Anthony DelGenio、Denton Ebel。本书的灵感也来自与很多出色的作家、制片人以及科学普及者的交流，包括 Lee Billings、George Musser、John Matson、Dennis Overbye、Marcus Chown、Ross Andersen、Jacob Berkowitz、Bob Krulwich、Dan Clifton。在写作的过程中，我的大脑有两次焕然新生，而这要归功于参与不可思议的 SciFoo 聚会——感谢 Tim O'Reilly、Larry Page 和 Sergey Brin。

最重要的是感谢我的朋友和家人，包括 Nelson Rivera、Greg Barrett、Helen、Saul Laniado、Windell Williams、Jeff Sklar，以及我生命中最亲爱的 Bonnie、Laila、Amelia 和 Marina。

哲学家苏格拉底曾说："浑浑噩噩的生活不值得过下去。"诚然，这句话是在他因不孝导致被处决的受审期间说的。但我不得不说，这句话真是太对了。因此，最终，我想要感谢你们，我的读者们，感谢你们花时间阅读在宇宙中使生命成为可能的许多灿烂现象。

未来，属于终身学习者

我这辈子遇到的聪明人（来自各行各业的聪明人）没有不每天阅读的——没有，一个都没有。巴菲特读书之多，我读书之多，可能会让你感到吃惊。孩子们都笑话我。他们觉得我是一本长了两条腿的书。

——查理·芒格

互联网改变了信息连接的方式；指数型技术在迅速颠覆着现有的商业世界；人工智能已经开始抢占人类的工作岗位……

未来，到底需要什么样的人才？

改变命运唯一的策略是你要变成终身学习者。未来世界将不再需要单一的技能型人才，而是需要具备完善的知识结构、极强逻辑思考力和高感知力的复合型人才。优秀的人往往通过阅读建立足够强大的抽象思维能力，获得异于众人的思考和整合能力。未来，将属于终身学习者！而阅读必定和终身学习形影不离。

很多人读书，追求的是干货，寻求的是立刻行之有效的解决方案。其实这是一种留在舒适区的阅读方法。在这个充满不确定性的年代，答案不会简单地出现在书里，因为生活根本就没有标准确切的答案，你也不能期望过去的经验能解决未来的问题。

湛庐阅读APP：与最聪明的人共同进化

有人常常把成本支出的焦点放在书价上，把读完一本书当作阅读的终结。其实不然。

时间是读者付出的最大阅读成本
怎么读是读者面临的最大阅读障碍
"读书破万卷"不仅仅在"万"，更重要的是在"破"！

现在，我们构建了全新的 "湛庐阅读" APP。它将成为你"破万卷"的新居所。在这里：

● 不用考虑读什么，你可以便捷找到纸书、有声书和各种声音产品；
● 你可以学会怎么读，你将发现集泛读、通读、精读于一体的阅读解决方案；
● 你会与作者、译者、专家、推荐人和阅读教练相遇，他们是优质思想的发源地；
● 你会与优秀的读者和终身学习者为伍，他们对阅读和学习有着持久的热情和源源不绝的内驱力。

从单一到复合，从知道到精通，从理解到创造，湛庐希望建立一个"与最聪明的人共同进化"的社区，成为人类先进思想交汇的聚集地，与你共同迎接未来。

与此同时，我们希望能够重新定义你的学习场景，让你随时随地收获有内容、有价值的思想，通过阅读实现终身学习。这是我们的使命和价值。

湛庐阅读APP玩转指南

湛庐阅读APP结构图：

12+图书订阅服务
纸质书
有声书
电子书

读什么

湛庐阅读APP

优秀的读者和终身学习者

与谁共读

怎么读
泛读：一书一课
通读：通识课
精读：精读班

跟谁读
作者、译者、专家、推荐人和阅读教练

三步玩转湛庐阅读APP：

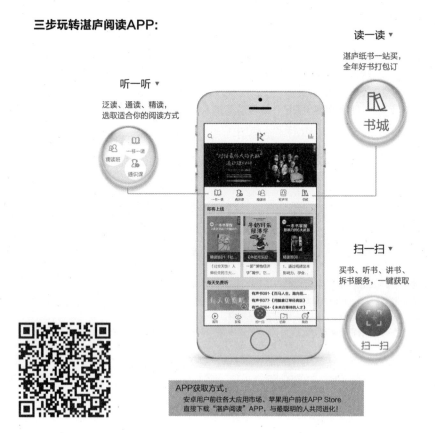

读一读 ▼
湛庐纸书一站买，
全年好书打包订

书城

听一听 ▼
泛读、通读、精读，
选取适合你的阅读方式

扫一扫 ▼
买书、听书、讲书、
拆书服务，一键获取

扫一扫

APP获取方式：
安卓用户前往各大应用市场、苹果用户前往APP Store
直接下载"湛庐阅读"APP，与最聪明的人共同进化！

使用APP扫一扫功能，
遇见书里书外更大的世界！

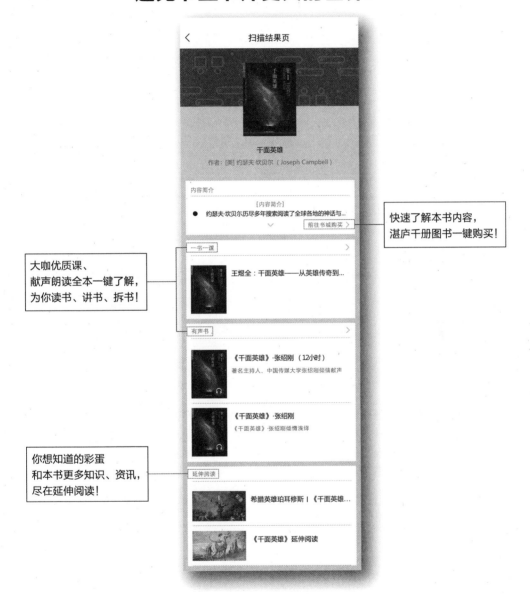

快速了解本书内容，
湛庐千册图书一键购买！

大咖优质课、
献声朗读全本一键了解，
为你读书、讲书、拆书！

你想知道的彩蛋
和本书更多知识、资讯，
尽在延伸阅读！

延伸阅读

《星际穿越》

◎ 天体物理学巨擘基普·索恩写给所有人的天文学通识读本，媲美霍金《时间简史》的又一里程碑式著作！

◎ 好莱坞顶级导演克里斯托弗·诺兰、欧阳自远等 3 大院士、李淼、魏坤琳（Dr.魏）等 5 大顶尖科学家、《三体》作者刘慈欣联袂推荐！

《穿越平行宇宙》

◎ 平行宇宙理论世界级研究权威迈克斯·泰格马克重磅新作，带你踏上探索宇宙终极本质的神秘旅程！

◎《彗星来的那一夜》《蝴蝶效应》《银河系漫游指南》《奇异博士》等众多烧脑科幻大片争相借鉴的主题——平行宇宙！

《生命 3.0》

◎ 麻省理工学院物理系终身教授、未来生命研究所创始人迈克斯·泰格马克重磅新作，引爆硅谷，全球瞩目。与人工智能相伴，人类将迎来什么样的未来？

◎ 长踞亚马逊图书畅销榜。霍金、埃隆·马斯克、雷·库兹韦尔、王小川一致好评；万维钢、余晨倾情作序；《科学》《自然》两大著名期刊罕见推荐！

《人工智能时代》

◎ 当机器人霸占了你的工作，你该怎么办？机器人犯罪，谁才该负责？人工智能时代，人类价值如何重新定义？

◎ 人工智能时代领军人、硅谷最传奇的连续创业者杰瑞·卡普兰重磅新作！《经济学人》2015 年度图书。

◎ 拥抱人工智能时代必读之作，引爆人机共生新生态。

图书在版编目（CIP）数据

如果，哥白尼错了 /（英）凯莱布·沙夫著；高妍译 . —杭州：浙江人民出版社，2019.9
书名原文：The Copernicus Complex
ISBN 978-7-213-09390-6

Ⅰ.①如… Ⅱ.①凯… ②高… Ⅲ.①自然科学—普及读物 Ⅳ.① N49

中国版本图书馆 CIP 数据核字（2019）第 165498 号

浙 江 省 版 权 局
著作权合同登记章
图字：11–2019–208 号

上架指导：科普读物

本书法律顾问　北京市盈科律师事务所　崔爽律师
张雅琴律师

如果，哥白尼错了

[英] 凯莱布·沙夫　著

高　妍　译

出版发行：浙江人民出版社（杭州体育场路 347 号　邮编　310006）
市场部电话：（0571）85061682　85176516
集团网址：浙江出版联合集团　http://www.zjcb.com
责任编辑：方　程
责任校对：陈　春
印　　刷：唐山富达印务有限公司
开　　本：710mm×965mm 1/16　　　印　　张：19.5
字　　数：257 千字
版　　次：2019 年 9 月第 1 版　　　印　　次：2019 年 9 月第 1 次印刷
书　　号：ISBN 978-7-213-09390-6
定　　价：79.90 元

如发现印装质量问题，影响阅读，请与市场部联系调换。